Das Buch

Haben Sie sich schon mal überlegt, was eigentlich ein Gen ist? Wie ein Atom aussieht? Warum Katzenaugen in der Nacht leuchten? Oder warum der Himmel so blau ist? Auch wenn wir mit dem Begriff »Naturwissenschaft« häufig zunächst High-Tech-Labors und komplizierte mathematische Berechnungen assoziieren, so tauchen die meisten und oft interessantesten Fragen im ganz banalen Alltag auf. Dieses Buch erklärt Beobachtungen, die wir täglich machen können, beschreibt Kuriositäten aus der Natur und vermittelt auf unterhaltsame und leichtverständliche Weise naturwissenschaftliche Zusammenhänge. In den knapp zweihundert Kurzbeiträgen erfahren Sie definitiv, wie die Welt für eine Biene aussieht, warum wir niemals an das Ende eines Regenbogens gelangen können oder warum Pfefferminz in Schokolade so herrlich kühl schmeckt.

Der Herausgeber und die Mitarbeiter

Don Glass ist Produzent der Sendung ›A Moment of Science‹ einer bekannten amerikanischen Radiostation. Die Beiträge zu dieser Sendung liegen dem vorliegenden Buch zugrunde.
Stephen Fentress ist Wissenschaftsjournalist und Leiter des Planetariums des Rochester Museums und Wissenschaftszentrums (N.Y.).
Paul Singh ist Professor für Physik an der Indiana University und wissenschaftlicher Berater der Sendung ›A Moment of Science‹.

# What's what?

## Naturwissenschaftliche Plaudereien

Herausgegeben von Don Glass

Unter Mitarbeit von
Stephen Fentress und Paul Singh

Aus dem Amerikanischen von
Hainer Kober

Deutscher
Taschenbuch
Verlag

dtv

Deutsche Erstausgabe
1. Auflage Dezember 1995
4. Auflage August 1996: 18. bis 20. Tausend
Deutscher Taschenbuch Verlag GmbH & Co. KG,
München

Titel der amerikanischen Originalausgabe:
Why You Can Never Get to the End of the Rainbow
and Other Moments of Science
Indiana University Press, Bloomington 1993

Umschlaggestaltung: Klaus Meyer, Antonia Berger
Umschlagbild: Quint Buchholz
Satz: Filmsatz Schröter, München
Druck und Bindung: C. H. Beck'sche Buchdruckerei,
Nördlingen
Printed in Germany · ISBN 3-423-30511-8

# Inhalt

# Vorwort

Den kurzen Aufsätzen dieses Buchs liegen die Texte der Radioserie *A Moment of Science* zugrunde. Die zweiminütigen Radiobeiträge wurden von Paul Singh, Physikprofessor an der Indiana University, konzipiert und vom WFIU, dem öffentlichen Radiosender der Universität, produziert und gesendet. Paul Singh war für die wissenschaftliche Bearbeitung und Don Glass für die Produktion zuständig.

Knapp, klar und einfach sollten die Beiträge zeigen, welche Bedeutung wissenschaftliche Erkenntnisse im Alltag haben. Unnötige Fachausdrücke wurden vermieden und die Inhalte so vermittelt, daß sie unterhaltsam und ohne wissenschaftliche Vorkenntnisse zu verstehen waren. Seit der ersten landesweiten Ausstrahlung der Serie im Jahre 1988 fragten die Hörer immer wieder nach einem Buch zur Sendung. Es lag also nahe, eine Auswahl für den Druck zusammenzustellen. Alle Manuskripte hat Stephen Fentress für den Hörfunk bearbeitet. Er bemühte sich, jeden Beitrag möglichst kurzweilig zu fassen und so auf den Punkt zu bringen, daß der Hörer sagte: »Ach, so ist das!« und dann darauf brannte, sein Wissen an den Mann oder die Frau zu bringen. Wir haben lediglich einige Hörfunkfloskeln weggelassen und ein paar Sachverhalte aktualisiert, ansonsten aber die Beiträge so übernommen, wie sie gesendet wurden.

Absichtlich haben wir die Aufsätze nicht in wissenschaftliche Gebiete unterteilt, weil wir dem Leser das kleine Überraschungsmoment nicht nehmen wollten, das sich einstellt, wenn man von einem Aufsatz zum nächsten blättert. Die Kürze der einzelnen Radiobeiträge ergab sich aus der Annahme, daß die Neugier der Menschen zwar grenzenlos, ihre Zeit aber begrenzt ist. Das gleiche Prinzip liegt dem Buch zugrunde: Jeder Aufsatz ist in sich abgeschlossen, so daß Sie einen oder ein Dutzend davon lesen können, je nach der Zeit, die Ihnen zur Verfügung steht.

Wenn Sie nach der Lektüre dieses Buchs die Welt um sich herum ein bißchen besser verstehen, dann haben wir unser Ziel erreicht.

*Don Glass und Paul Singh*

## Benjamin Franklin und die Stoffmuster im Schnee

In einem Brief aus dem Jahre 1761 berichtet Benjamin Franklin, er habe kleine Quadrate aus Wollstoff, Reste vom Schneider, in unterschiedlichen Farben gesammelt: schwarz, dunkelblau, hellblau, grün, lila, rot, gelb und weiß. Mit ihnen wollte er beweisen, daß diese Farben Sonnenlicht in unterschiedlichen Mengen absorbieren und dieses Licht auch in Wärme unterschiedlicher Menge umwandeln.

An einem strahlenden Wintertag bei Neuschnee legte Franklin die Wollstücke in die Sonne und ließ sie dort ein paar Stunden liegen. Als er zurückkam, konnte er sehen, daß das schwarze Quadrat tiefer in den Schnee gesunken war als alle anderen Stoffstücke. Nicht ganz so weit war der dunkelblaue Stoffrest eingedrungen, während der weiße auf dem Schnee lag. Die anderen Stücke waren irgendwo dazwischen steckengeblieben.

Natürlich wußten die Menschen auch vor zweihundert Jahren schon, daß sich dunkle Gegenstände in der Sonne stärker erwärmen als helle. Aber Franklin lieferte mit seinem kleinen Experiment den wissenschaftlichen Beweis dafür, indem er Stoffreste miteinander verglich, die bis auf ein Merkmal – die Farbe – identisch waren.

Die in den Resten enthaltenen Farbstoffe absorbierten verschiedene Mengen des Sonnenlichts. Das schwarze Tuch wurde am wärmsten, weil es alle Farben des Sonnenlichts schluckte und fast keine zurückstrahlte – deshalb sah es auch schwarz aus. Am kältesten blieb das weiße Tuch, denn es reflektierte alle Farben des Sonnenlichts und nahm kaum irgendwelche Strahlen auf. Einen Teil des Sonnenlichts absorbierte das rote Tuch und erwärmte sich auf eine mittlere Temperatur. Es warf rotes Licht ins Auge zurück und sah deshalb rot aus. Gleiches gilt für die anderen Farben.

Benjamin Franklin führte auch andere Experimente durch, in denen er sich vor allem mit der Elektrizität beschäftigte. Einmal überlegte er sogar, ob sich Fliegen, die im Wein ertrunken waren, wieder zum Leben erwecken ließen. Doch das ist eine andere Geschichte.

## Einmal reicht

Eine Infektion bekämpft der menschliche Körper, indem er den Eindringling erkennt. Nehmen wir an, es handelt sich um ein Virus. Viren stellen eine Bedrohung dar, weil sie lebende Zellen besetzen und deren inneren Mechanismus zur Herstellung weiterer Viren nutzen. Das zerstört die Zellen.

Doch bevor das Virus eine Zelle erreicht, stößt es möglicherweise mit einem Antikörper zusammen. Antikörper sind riesige Moleküle, die ein bißchen wie verdrehte Kleiderbügel aussehen. Ungefähr eine Million verschiedener Antikörperarten bevölkern unseren Körper. Und jeder Antikörper paßt in das zu ihm gehörige Virus wie ein Schlüssel ins Schlüsselloch.

Koppelt sich ein Antikörper an ein Virus, so kann er diesem die Fähigkeit rauben, in Körperzellen einzudringen. Manchmal heftet er dem Virus auch einfach ein chemisches Hinweisschild an, das besagt: »Weiße Blutkörperchen, bitte vernichtet mich!«

Sobald das eingedrungene Virus erkannt ist, setzt die Massenproduktion des entsprechenden Antikörpers ein. Das dauert ein paar Tage, doch wenn der Organismus Antikörper schneller herzustellen vermag als das Virus neue Viren, dann verliert das Virus, und der Körper wird gesund. Bei Aids bricht dieses System übrigens zusammen. Was bleibt, wenn der Körper wieder gesund geworden ist? Weiße Blutkörperchen, die aufräumen, ungenutzte Antikörper und Gedächtniszellen, die die Bauanleitung für die gerade verwendeten Antikörper speichern. Sollte sich das gleiche Virus jemals wieder blicken lassen, wird ihm das nächste Mal sehr viel rascher der Garaus gemacht. Deshalb bekommen wir die Windpocken nur einmal. »He, ihr Viren«, sagt das Immunsystem, »ihr kommt hier nur einmal unerkannt rein!«

## Warum ist der Himmel so blau?

Warum ist der Himmel blau? Die Atmosphäre kann nicht daran schuld sein, denn wäre sie blau gefärbt wie eine getönte Windschutzscheibe, würden wir bei Tag wie in einer blauen Glasflasche herumlaufen. Eine blaue Sonne würde alles in blaues Licht tauchen, und nachts stünden blaue Sterne und ein blauer Mond am Himmel.

Auch vom Staub kann das Blau nicht herrühren, ist doch die Luft über Kiesparkplätzen oder Steinbrüchen weißlich und nicht bläulich.

Ebensowenig können Wassertröpfchen für das Blau verantwortlich sein. Wolken bestehen aus Wassertropfen, und Wolken sind weiß. Auch die Frage der relativen Luftfeuchtigkeit hat nichts damit zu tun. Der trockene Himmel über Arizona kann ebenso blau sein wie der feuchte Himmel über Minnesota.

Blau ist selbst der Weltraum nicht. Sein Hintergrund ist schwarz. Deshalb ist der Himmel nachts schwarz – blau ist er nur am Tag, wenn die Sonnenstrahlen auf die Atmosphäre treffen.

In allen Farben des Regenbogens erstrahlt die Sonne – blau, gelb, rot und so fort. Diese Farben mischen sich zu weißem Licht. Ohne Schwierigkeiten durchquert das rote und das gelbe Licht die Luft, während der blaue Anteil des Sonnenlichts durch die Luftmoleküle in alle Richtungen gestreut wird. Schaut man also an einem klaren Tag in den Himmel, dann sieht man blaues Licht, das an Stickstoff-, Sauerstoff- und Kohlendioxydmolekülen gestreut und dadurch aus den Sonnenstrahlen herausgelöst wurde.

Je mehr Luft, desto größer die Streuung. Am frühen Morgen und am späten Abend müssen die Sonnenstrahlen so dicke Luftschichten durchqueren, daß der größte Teil des Blaus durch Streuung verlorengeht, bevor das Licht sie erreicht. Es bleiben die roten und die gelben Anteile, so daß die Sonne rötlich aussieht.

## Statische Elektrizität

Statische Elektrizität offenbart uns die Natur der sogenannten elektrischen Kraft, einer der fundamentalen Kräfte des Universums.

In mancher Hinsicht gleicht die elektrische Kraft der Schwerkraft. Beide werden sie stärker, wenn die wechselwirkenden Teilchen einander näherkommen, und beide werden sie schwächer, wenn sich die Teilchen voneinander entfernen. Allerdings ist die elektrische Kraft bei gleicher Entfernung ungefähr viermilliardenmal stärker als die Schwerkraft.

Im Unterschied zur Schwerkraft, die stets als Anziehungskraft zwischen den Dingen wirkt, kann die elektrische Kraft Teilchen, je nach ihren sogenannten Ladungen, entweder anziehen oder abstoßen. Elektrische Ladung kann positiv oder negativ sein. Gleiche Ladungen stoßen sich ab, ungleiche ziehen sich an. Positive und negative Ladungen ziehen sich also an, während zwei positive oder zwei negative sich abstoßen. (Übrigens haben einige Elementarteilchen, Neutronen zum Beispiel, keine elektrische Ladung.)

Elektrizität hält die Atome zusammen. Im Mittelpunkt jedes Atoms befindet sich ein Kern mit positiver Ladung, während die Elektronen, die diesen Kern umgeben, negativ sind – das hält sie bei der Stange. In den meisten Objekten gleicht sich die Zahl positiver und negativer Ladungen genau aus, so daß die Gesamtladung Null ist.

Doch manchmal fliegen alltäglichen Gegenständen ein paar Elektronen zu oder kommen ihnen abhanden. In diesem Fall hat der betreffende Gegenstand eine elektrostatische Gesamtladung – statisch, weil die verirrten Elektronen bleiben, wo sie sind, statt als elektrischer Strom zu fließen. Ein aufgeladener Gegenstand, etwa ein Bettlaken, das man aus dem Wäschetrockner nimmt, übt eine sichtbare elektrische Kraft auf andere Dinge aus, zum Beispiel auf die Socken aus demselben Wäschetrockner.

# Warum ein fauler Apfel die anderen verdirbt

Grüne, unreife Bananen reifen schneller, wenn man sie in einer Papiertüte aufbewahrt.

Früher lagerten chinesische Bauern ihr Obst zum Reifen in einem Raum mit brennendem Weihrauch.

Im Abendland »räucherten« die Bauern ihr Obst in Kerosinöfen, um es haltbar zu machen.

Die Grundlage all dieser Prozesse ist ein Gas namens Äthylen, das beim Verbrennen von Brennstoffen wie Kerosin entsteht. Irgendwann stellen es alle Pflanzen auf natürliche Weise her. Unter Einwirkung von Äthylen keimt die Saat, blühen die Pflanzen, reift das Obst, fallen die Früchte und Blätter. Das Äthylen, das eine reife Frucht produziert, regt andere Früchte in ihrer Nähe ebenfalls zum Reifen an. Die Bauernregel, daß ein fauler Apfel die anderen verdirbt, wird also durch die Chemie bestätigt.

In der modernen Landwirtschaft beschleunigt man mit Hilfe von Äthylen den Reifungsprozeß von Bananen, Tomaten und Zitrusfrüchten und verhilft ihnen zu den Farben, die die Käufer erwarten.

In der Regel ist Obstimporteuren daran gelegen, den Reifungsprozeß zu verzögern. Deshalb lagern sie ihre Früchte in Räumen, aus deren Luft das Äthylen chemisch entfernt worden ist.

Übrigens dachten die Bauern früher, es wäre die Wärme des Kerosinofens, die ihre Früchte reifen ließ. Doch als sie ihr Glück mit modernen Heizungen ohne Kerosin versuchten, blieb das erwünschte Resultat aus. Nicht die Hitze machte ihr Obst haltbar, sondern das Äthylen.

## Supraleiter

Zwischen Supraleitern und gewöhnlichen Stoffen gibt es einen grundlegenden Unterschied. Supraleiter leiten elektrischen Strom ohne den geringsten Widerstand. Gewöhnliche Stoffe, einschließlich der Metalle, aus denen wir die Leitungsdrähte in elektrischen Geräten herstellen, bieten dem elektrischen Strom einen gewissen Widerstand. Deshalb erwärmen sich solche Geräte.

Wir kennen Tausende von Metallen, Metallegierungen und anderen Stoffen, die sich als Supraleiter eignen – wenn wir sie auf eine Temperatur von ungefähr 270 °C unter dem Nullpunkt abkühlen. Allerdings wäre dazu ein gigantischer Tiefkühlschrank vonnöten. Deshalb blieben die Supraleiter seit ihrer Entdeckung im Jahre 1911 wirklichkeitsfremden Laborexperimenten vorbehalten.

Allerdings gilt das heute nicht mehr, denn in den letzten Jahren wurden Stoffe entdeckt, die nicht auf minus 270°C abgekühlt werden müssen, bevor sie sich in Supraleiter verwandeln – dazu genügen schon minus 150°C. Immer noch sehr kalt, aber nicht annähernd so kalt wie bisher.

Zur Zeit liefern sich die Forschungsinstitute in aller Welt ein erbittertes Wettrennen auf der Suche nach einem Stoff, der bei gewöhnlicher Zimmertemperatur supraleitfähig ist. Mit Supraleitern, die bei Zimmertemperatur funktionieren, könnte man unter anderem Elektromotoren bauen, die nie überhitzen, Hochspannungsleitungen legen, die hundert Prozent der Energie vom Erzeuger zum Verbraucher befördern würden, Magnetschwebebahnen konstruieren und superschnelle Computer entwickeln.

Doch heute sind die Experimente mit Supraleitern der Theorie noch weit voraus. Niemand weiß genau, wie Supraleiter funktionieren. Folglich weiß auch niemand, wie man bessere Supraleiter entdecken kann – außer durch Versuch und Irrtum.

# Verursacht Rauchen Lungenkrebs?

Leute, die rauchen, sterben häufiger an Lungenkrebs als Nichtraucher. Heißt das, daß Rauchen Lungenkrebs verursacht? Regierungsberichte über Rauchen und Krebs nennen fünf Kriterien, nach denen sich beurteilen läßt, ob einschlägige Statistiken einen ursächlichen Zusammenhang beweisen.

Erstens: Waren die Forscher, die für die Statistik verantwortlich sind, voreingenommen oder könnten ihnen Fehler unterlaufen sein? Um auf einen realen Zusammenhang zwischen Rauchen und Krebs schließen zu können, bedarf es mehrerer Untersuchungen, die von verschiedenen Leuten an verschiedenen Orten durchgeführt werden, denen verschiedene Methoden zugrunde liegen und die doch zu den gleichen Ergebnissen kommen.

Zweitens: Ist die Sterblichkeit durch Lungenkrebs bei Rauchern eindeutig höher als bei Nichtrauchern, oder ist der Unterschied so gering, daß er auch eine Besonderheit der für die Untersuchung ausgewählten Gruppe sein könnte?

Drittens: Haben die Forscher berücksichtigt, daß neben dem Rauchen auch andere Faktoren – etwa Vererbung oder Smog – einige der Krebserkrankungen verursacht haben könnten?

Viertens: Geht das Rauchen grundsätzlich dem Ausbruch der Krankheit voraus?

Fünftens: Bleibt der Gedanke, daß Rauchen Lungenkrebs verursacht, auch dann einleuchtend, wenn wir alles berücksichtigen, was heute über Rauchen und Krebs bekannt ist?

Wie man heute auf jeder Zigarettenpackung lesen kann, geht das Gesundheitsministerium davon aus, daß Rauchen Krebs verursacht. Acht Langzeitstudien und Dutzende kleinerer Untersuchungen lassen darauf schließen, daß Raucher ein zehnmal größeres Risiko eingehen, an Lungenkrebs zu sterben als Nichtraucher – bei starken Rauchern liegt das Risiko sogar zwanzig- bis dreißigmal so hoch. Das Lungengewebe von Menschen und Tieren verändert sich, wenn es Tabak ausgesetzt ist – und es nimmt wieder seinen ursprünglichen Zustand an, wenn man den Tabak absetzt.

# Was ist ein Gen?

Stellen Sie sich die Iris eines Menschen mit braunen Augen vor. Die Farbe der Iris ist eine der wenigen Erbeigenschaften, die nicht durch Ernährung oder Klima verändert werden kann. Eine braune Iris besteht aus Zellen, die braune Pigmente enthalten. Braunes Pigment enthalten die Zellen, weil die Gene in jedem Zellkern die Zelle angewiesen haben, braunes Pigment herzustellen. Eine Zelle funktioniert wie eine automatisierte Produktionsanlage, die durch ein Computerprogramm gesteuert wird. Wenn das Computerprogramm der Anlage den Befehl gibt, braune Pigmente herzustellen, dann stellt die Produktionseinrichtung braune Pigmente her. Wenn die Gene in einer Zelle der Zelle befehlen, braune Pigmente zu produzieren, dann produziert die Zelle braune Pigmente.

Gene bestehen aus einer Substanz im Kern der Zelle – Nukleinsäure, Desoxyribonukleinsäure, der berühmten DNS. DNS-Moleküle nehmen die Form eines dünnen Strangs an. Jeder Strang besteht aus kleineren Molekülen, die an ihren Enden miteinander verbunden sind. Millionen von solchen kleineren Molekülen gibt es in einem Strang, aber sie kommen nur in vier Spielarten vor. Die vier Spielarten können in beliebiger Reihenfolge zusammengesetzt werden, wie Buchstaben in einem Vier-Buchstaben-Alphabet. Ein DNS-Strang ist wie ein Buch, das man in einem Vier-Buchstaben-Alphabet geschrieben hat und dessen Text aus einer einzigen langen Buchstabenkette besteht.

Das Buch ist in verschiedene Kapitel unterteilt. Ein Kapitel – oder vielleicht auch mehrere – enthält die chemische Formel zur Herstellung brauner Pigmente. Und dieses Kapitel, dieser kleine Abschnitt des DNS-Strangs, beinhaltet die Gene für die braune Augenfarbe.

# Warum leuchten Katzenaugen in der Nacht?

Sie fahren nachts auf einer einsamen Straße. Vor sich in der Dunkelheit erblicken Sie ein Paar helle, körperlose Augen. Sie kommen näher, und die Augen verschwinden im Gras – die Augen einer streunenden Katze.

Die Augen der Katze leuchten, weil sich Ihre Augen, die Scheinwerfer Ihres Wagens und die Augen der Katze fast auf einer Linie befinden. Das Scheinwerferlicht oder das Motorengeräusch lenken die Aufmerksamkeit der Katze auf Ihr Auto. Sie richtet ihre Augen auf die Scheinwerfer. In beiden Katzenaugen bündelt die Linse das Scheinwerferlicht genau im Brennpunkt und wirft ein scharfes Bild auf die Netzhaut, so wie die Optik des Fotoapparats das Bild auf den Film projiziert.

Doch das Licht schlägt zwei Richtungen ein. Ein Teil wird von der Netzhaut der Katzenaugen reflektiert und dringt durch die Linsen wieder hinaus. Bei Nacht sind die Pupillen der Katze weit offen, so daß sie viel Licht durchlassen. Das reflektierte Licht bildet einen gebündelten Strahl, der auf Ihr Auto gerichtet ist, weil die Katze in diese Richtung blickt. Sie schauen in diesen Lichtstrahl und gewinnen so den unheimlichen Eindruck, daß die Augen der Katze leuchten. Das Geschehen ist um so unheimlicher, als der Rest der Katze für Sie unsichtbar bleibt.

Das gleiche Leuchten können Sie in den Augen eines Hasen erblicken, der nachts beim Äsen zu Ihrem vorbeifahrenden Auto aufschaut. Und Sie können es in den Augen von Menschen entdecken – wenn Sie sie abends auf einer Party fotografieren. Jeder, der in das Blitzlicht einer Kamera schaut, hat auf dem Foto rote Augen. Das Rot rührt von der Farbe der menschlichen Netzhaut her. (Ganz einfach läßt sich das am Modell eines Auges zeigen. Legen Sie eine Linse über ein Loch in einem Karton, dessen Tiefe etwa der Brennweite der Linse entspricht [die Brennweite müßte auf dem Metallgehäuse der Linse angegeben sein, zum Beispiel 50 mm]; stellen Sie sich nun in einiger Entfernung auf, und richten Sie den Strahl einer Taschenlampe auf die Linse.)

Doch das ist noch nicht die ganze Wahrheit. Katzen haben eine besondere Gewebeschicht in ihren Augen, die das Licht wie eine

Metallfläche reflektiert. Diese Schicht liegt unmittelbar hinter den Spezialzellen, die das Licht in Nervenimpulse verwandeln – den Stäbchen- und Zapfenzellen. Offenbar hat die reflektierende Schicht die Aufgabe, für eine bessere Funktion des Katzenauges bei Dämmerlicht zu sorgen.

Wenn das Licht in das Auge der Katze dringt, wird es teilweise von den Stäbchen und Zapfen absorbiert. Zum Teil schmuggelt es sich aber auch an diesen Zellen vorbei und erreicht den Augenhintergrund. Nun wirft die reflektierende Schicht das Restlicht wieder zurück, so daß es ein zweites Mal auf die Stäbchen und Zapfen trifft. Folglich bietet sich dem Licht, das in das Auge einer Katze fällt, nicht einmal, sondern zweimal die Gelegenheit, von der Katze entdeckt zu werden.

Allerdings verfehlt ein Teil des Lichtes die Stäbchen und Zapfen beide Male und gelangt durch die Linse wieder zum Katzenauge hinaus. Dieses Licht halten wir für das Leuchten des Auges. Dank der reflektierenden Schicht im Augenhintergrund kann die Katze Licht besser nutzen und vergeudet weniger davon, als es ohne diese Schicht der Fall wäre.

Übrigens sind Katzen nicht die einzigen Tiere, die dieses reflektierende Gewebe im Auge haben. Rinder, Opossums, Alligatoren und einige Fische können gleichfalls damit aufwarten. Wir Menschen dagegen nicht, was zum Teil erklärt, warum wir uns im Dunkeln nicht so gut zurechtfinden wie Katzen.

# Paul Ehrlich, Farben und Arzneimittel

Vor hundert Jahren waren die Kleidungsstücke, die man kaufen konnte, nicht annähernd so farbenfroh wie heute. Doch das wurde schnell anders. Zu den spektakulärsten Neuerungen auf chemischem Gebiet, die das 19. Jahrhundert zu bieten hatte, gehörten synthetische Farbstoffe mit exotischen Namen wie Mauve, Amarant und Kongorot.

Der deutsche Medizinstudent Paul Ehrlich (1854–1915) war fasziniert von dem, was er in den siebziger Jahren des vorigen Jahrhunderts in seinen Anatomiekursen über Farbstoffe erfuhr. So wie einige Stoffe nur Baumwolle, aber nicht Wolle färben, wirken manche Farbstoffe nur auf bestimmte Gewebearten oder Zellbereiche ein, nicht aber auf andere. Beispielsweise färbt Methylenblau Nervenzellen, aber keine anderen Zellen. Folglich kann dieser Farbstoff die Nervenzellen einer Gewebsprobe hervorheben. Ehrlich sprach von einer chemischen Affinität zwischen Methylenblau und Nervenzellen.

Und nun zu dem großen Sprung, der Ehrlich dank seiner wissenschaftlichen Vorstellungskraft gelang.

Vielleicht, so dachte er, kann ein Kranker mit Hilfe eines Farbstoffes geheilt werden, der nur an den für die Krankheit verantwortlichen Bakterien haftet. Wenn man den richtigen Farbstoff fände und in den Blutkreislauf brächte, würde er sich wie eine Zauberkugel seinen Weg zu den schädlichen Bakterien suchen, ohne die normalen Zellen anzutasten.

Diese Idee beschäftigte Ehrlich den größten Teil seines Berufslebens hindurch. Er fand ziemlich schnell heraus, daß sich der Farbstoff Trypanrot zur Heilung der Surra- oder Chagas-Krankheit eignet. Später entwickelte er das erste sichere und wirksame Medikament (Salvarsan) zur Behandlung der Syphilis.

Paul Ehrlichs Arbeit über die Affinität von Farbstoffen und sein Zauberkugel-Konzept führte schließlich zu den Sulfonamiden und anderen Antibiotika, die heute noch Verwendung finden.

## Warum wir nie das Ende des Regenbogens erreichen

Dem Betrachter will scheinen, daß etwas so Schönes wie der Regenbogen die Erde an einem wunderbaren Ort berühren muß. Doch wenn Sie je versucht haben, sich einem Regenbogen zu nähern, dann wissen Sie, daß er sich in dem Maße entfernt, wie Sie ihm näherrücken. Hinter dieser Baumgruppe erscheint der Regenbogen oder über dem nächsten Hügel. Verändern Sie Ihren Standort, so verändert auch der Regenbogen den seinen.

Früher oder später wird Ihnen klar, daß sich das Ende des Regenbogens nicht an einem bestimmten Ort befindet, den Sie auf der Karte einzeichnen können. Kein Teil des Regenbogens befindet sich an einem bestimmten Ort – es gibt ihn nur in Beziehung zu Ihrem Auge.

Ein Regenbogen ist die Gesamtmenge allen Lichtes, das Ihr Auge aus bestimmten Richtungen erreicht. Aus Sonnenlicht besteht der Regenbogen, von Wassertropfen reflektiert und in Farben.

Immer bildet ein Regenbogen einen Teilkreis, dessen Mittelpunkt der Punkt gegenüber der Sonne ist – von Ihrem Blickpunkt aus gesehen. Jeder Wassertropfen, so die Regel, der sich zweiundvierzig Grad von diesem Gegenpunkt der Sonne entfernt befindet, trägt zu dem Regenbogen, den Sie sehen, bei.

Dabei ist egal, ob die Wassertropfen zehn Meter oder zehn Kilometer weit fort sind, stets reflektieren sie das Licht im gleichen Winkel und leisten einen Beitrag zum selben Regenbogen – aus Ihrer Sicht. Wenn Sie sich auf dem Weg zum Ende des Regenbogens machen, bleibt er vor Ihnen stehen, solange sich Wassertröpfchen vor Ihnen in der Luft befinden.

# Der Unterschied zwischen einem Quadrat und einer Raute

Nehmen Sie rotes Papier, zeichnen Sie den Umriß einer Plattenhülle darauf, schneiden Sie die Form aus, und heften Sie sie an die Wand, eine Seite parallel zum Boden. Jeder wird sagen, Sie hätten ein Quadrat an der Wand, denn die Arbeitsgemeinschaft Auge-Gehirn sagt: »Ich sehe eine Figur mit vier gleichen Seiten und rechten Winkeln an den Eckpunkten. Das haben wir in der Schule ein Quadrat genannt. Also blicke ich auf ein Quadrat.«

Nehmen Sie jetzt Ihr rotes Quadrat, und hängen Sie es an einer Ecke auf. Zeigen Sie es anderen Leuten. Wahrscheinlich werden sie sagen, Sie hätten eine Raute an der Wand. Nun hat diese Raute natürlich ebenfalls vier gleiche Seiten und rechte Winkel an den Eckpunkten. Offensichtlich betrachtet die Arbeitsgemeinschaft Auge-Gehirn mehr als nur Seiten und Winkel. Jetzt wird sie wohl sagen: »Ich sehe eine vierseitige Figur mit Eckpunkten oben, unten und an den Seiten. Das ist eine Raute.«

Bringen Sie Ihren Kopf nun in eine Schräglage von fünfundvierzig Grad, und betrachten Sie die Raute. Auf Ihrer Netzhaut befindet sich jetzt wieder das Bild, das Sie wahrgenommen haben, als Sie die rote Figur das erste Mal aufgehängt haben. Ihre anfängliche Entscheidung, was oben und was unten sein soll, ist noch in Kraft, obwohl sich Ihr Kopf immer noch in Schräglage befindet.

Zeichnen Sie einen Umriß des Festlandteils der Vereinigten Staaten, und drehen Sie das Papier so, daß die Ostküste unten zu liegen kommt. Wieviel Leute werden darin das Profil von Abraham Lincoln erkennen, wenn Sie ihnen das Papier kommentarlos zeigen?

## Stimmen über einem abendlichen See

Manchmal, wenn man kurz nach Sonnenuntergang am Seeufer steht oder in einem Ruderboot sitzt, kann man mit verblüffender Klarheit weit entfernte Stimmen hören – wirkliche Stimmen.

Ganz besonders gut sind sie kurz nach Sonnenuntergang zu hören, wenn der Himmel klar und die Luft ruhig ist. Mit dem Nahen der Nacht kühlt das Wasser ab, weil es kein Sonnenlicht mehr empfängt. Das kühle Wasser kühlt die unmittelbar über ihm liegenden Luftschichten ab. Dagegen bleibt die Luft, die sich ein paar Meter über dem See befindet, wärmer, weil sie keine Berührung mit dem Wasser hat.

In einer Entfernung von vierhundert Metern spricht jemand. Die Stimme wird von Schallwellen transportiert. Eine Schallwelle können Sie sich wie eine unsichtbare Mauer aus ganz leicht zusammengepreßter Luft vorstellen, die sich mit Schallgeschwindigkeit über den See bewegt.

Allerdings ist die Schallgeschwindigkeit Schwankungen unterworfen. In warmer Luft bewegt sich der Schall etwas schneller als in kalter Luft. Deshalb kommt der Teil der unsichtbaren Mauer, der sich in der warmen Luft befindet, etwas schneller voran als der Teil, der sich unter der kühlen Luft nahe des Wassers befindet. Der obere Teil hat einen Vorsprung vor dem unteren. Im Zuge ihrer Bewegung kippt die unsichtbare Mauer leicht nach unten. Deshalb wird das Geräusch ferner Stimmen ebenfalls nach unten gelenkt. Am Abend gelangt weniger Schall nach oben in den Himmel als am Mittag. Dank der kühlen Luft an der Wasseroberfläche bleiben abendliche Laute in der Nähe des Wassers und können weite Strecken zurücklegen – die Laute von menschlichen Stimmen, Vögeln, Glocken, Zügen, Motorbooten, Kassettenrekordern und Radios.

## Kommen die besten Hunde aus dem Tierheim?

Der Hund, der für jemand anders am besten ist, muß nicht unbedingt auch für Sie der geeignetste sein. Aber der Gedanke, daß Sie mit einer Promenadenmischung aus dem Tierheim unter Umständen gut bedient sind – daß sich dieser Hund prächtiger Gesundheit und bester Anlagen erfreut –, ist gar nicht so weit hergeholt. Denn dafür spricht ein Vererbungsprinzip.

Eine Promenadenmischung ist ein Hund, dessen Eltern in keinerlei Verwandtschaftsbeziehung stehen – sie haben keine gemeinsamen Vorfahren. Deshalb ist es wahrscheinlich, daß sich alle unliebsamen Erbanlagen, die die Eltern möglicherweise besitzen, in der Nachkommenschaft aufheben.

Wenn dagegen die Eltern eng miteinander verwandt sind – beispielsweise Geschwister –, wenn es vor nicht allzu langer Zeit einen gemeinsamen Vorfahren gegeben hat, dann könnte jedes Elternteil eine Kopie des gleichen schlechten Gens von diesem gemeinsamen Vorfahren geerbt haben. Kreuzt man nun zwei Hunde mit dem gleichen schlechten Gen, so werden einige der Welpen wahrscheinlich zwei Kopien des schlechten Gens erben – und zwei Kopien sind in der Regel erforderlich, um ein genetisches Problem zutage treten zu lassen. Das kann bei verantwortungslosen Züchtern geschehen, die Inzestkreuzungen vornehmen, um die schnelle Mark zu machen.

Dagegen kreuzen gewissenhafte Züchter nur Hunde, deren Ahnenreihe sie auf genetische Probleme überprüft haben. Gewissenhafte Züchter lassen ihren Welpen auch individuelle Zuwendung zuteil werden, damit diese lernen, mit Menschen auszukommen.

Deshalb kommen einige der besten Hunde aus dem Heim und nicht nur von erstklassigen Züchtern. Hüten sollten sich Interessenten vor gewissenlosen Geschäftemachern, bei denen die Inzucht Methode ist, weil es ihnen um Quantität und nicht um Qualität geht.

## Wirf eine Münze und schlag der Wahrscheinlichkeit ein Schnippchen

Bei hundert Münzwürfen können Sie etwa fünfzigmal Kopf erwarten. Haben Sie es je versucht? Stellen Sie sich vor: ein Küchentisch, ein ruhiger Augenblick. Sie werfen eine Mark. Kopf.

Werfen Sie nochmal. Wieder Kopf? Etwas ungewöhnlich. Zweimal Kopf ist nur eines von vier möglichen Ergebnissen bei zwei Würfen. Noch einmal Kopf? Die Aussichten stehen eins zu acht für dreimal Kopf bei drei Würfen.

Zum viertenmal Kopf! Sie haben einer Wahrscheinlichkeit von eins zu sechzehn ein Schnippchen geschlagen! Interessant. Werfen Sie weiter. Viel Glück!

Zwanzigmal Kopf hintereinander! Keine versteckten Magnete? Die Chancen dafür stehen ungefähr eins zu einer Million. Ein Erfolg führt zum andern, oder?

Falsch, jedenfalls bei ehrlichen Münzwürfen. Ganz gleich, was vorher war, Ihre Aussichten für Kopf beim nächsten Wurf betragen stets fünfzig zu fünfzig.

Neunundneunzig Würfe, neunundneunzigmal Kopf! Die Chancen dafür stehen ungefähr eins zu sechshundert Milliarden mal Milliarden mal Milliarden. Hätten Sie's gewußt, könnten Sie jetzt reich sein!

Hier würden wohl manche Leute von einer Glückssträhne sprechen. Andere würden behaupten, nun müßten Sie sich auf eine Serie von Zahlwürfen gefaßt machen. Kluge Leute würden nicht mehr weiterspielen. Trotzdem stehen die Aussichten, daß Sie das nächste Mal wieder Kopf werfen, immer noch fünfzig zu fünfzig.

Zweihundertneunundneunzigmal Kopf hintereinander? Dagegen spricht eine Wahrscheinlichkeit von eins zu einer Eins mit neunzig Nullen. Das hätte jemand sehen müssen – ein Fernsehreporter, ein Mathematiker! Zu spät. Die letzten zweihundertneunundneunzig Würfe gehören der Vergangenheit an – sind vorbei.

Wahrhaftig eine glückliche Hand. Aber denken Sie daran: ehrliche Münzwürfe sind unabhängig. Vergangene Leistungen haben keine Auswirkungen auf die Zukunft.

## Stroboskopische Postkutschenräder

Haben Sie schon einmal einen Wildwestfilm gesehen, in dem eine Postkutsche die Stadt verläßt? Vielleicht ist Ihnen da etwas Merkwürdiges aufgefallen: Obwohl sich das Gefährt vorwärts bewegt, scheinen sich die Räder manchmal rückwärts zu drehen. Offenbar laufen die Speichen in die falsche Richtung.

Um das zu verstehen, müssen Sie sich ins Gedächtnis rufen, daß jede Sekunde Film in Wirklichkeit aus vierundzwanzig Bildern besteht, die nacheinander auf die Leinwand geworfen werden. Nehmen wir an, im ersten Bild befindet sich eine Speiche des Postkutschenrads in der Zwölf-Uhr-Position, das heißt, sie zeigt von der Radnabe direkt nach oben. Im nächsten Bild hat sich das Rad ein bißchen gedreht. Vielleicht befindet sich jetzt eine Speiche in der Elf-Uhr-Neunundfünfzig-Position. Es muß nicht dieselbe Speiche sein. Im dritten Bild ist eine Speiche in der Elf-Uhr-Achtundfünfzig-Position fotografiert worden, im vierten Bild in der Elf-Uhr-Siebenundfünfzig-Position und so fort.

Da alle Speichen gleich aussehen, haben Sie, wenn die Bilder als Film gezeigt werden, den Eindruck, als bewege sich eine Speiche von zwölf Uhr auf elf Uhr neunundfünfzig, elf Uhr achtundfünfzig, elf Uhr siebenundfünfzig und so fort. Das Rad scheint sich rückwärts zu drehen. Wenn die Postkutsche schneller fährt, verändert sich das Bild. Die Speichen scheinen sich rückwärts zu drehen, dann vorwärts, dann wieder rückwärts, wobei sie ständig die Geschwindigkeit verändern: mal schneller, mal langsamer, dann wieder schneller. Der Effekt hängt von dem Ort ab, an dem sich die Speichen befinden, wenn die Kamera sie einfängt, und davon, wie jedes Bild sich zu seinen Vorgängern und Nachfolgern verhält. Wenn die Postkutsche schnell genug fährt, zeigt jedes Bild nur noch eine verwischte Impression statt die klaren Umrisse der Speichen; dann verschwindet die Illusion. Wenn Sie keine Wildwestfilme mögen, können Sie den gleichen Effekt in Filmen bestaunen, die startende Propellerflugzeuge zeigen. Der Propeller scheint sich erst in die eine, dann in die andere Richtung zu drehen und dabei ständig seine Geschwindigkeit zu wechseln, bis der Effekt in einem verwischten Bild verschwimmt.

# Warum bestehen Glocken aus Metall?

Warum bestehen Glocken aus Metall? Oder anders gefragt, warum ist Metall ein gutes Glockenmaterial?

Führen Sie ein einfaches Heimexperiment durch. Nehmen Sie ein gewöhnliches Tischmesser aus rostfreiem Stahl locker zwischen zwei Finger, und schlagen Sie mit ihm scharf gegen ein anderes Messer. Es klingt wie eine Glocke.

Wenn Sie auf das Messer schlagen, verbiegt es sich ganz leicht an der Stelle, wo der Schlag getroffen hat. Dann springt es zurück. Und da passiert etwas Entscheidendes: Das Messer springt nicht wieder in seine ursprüngliche Lage zurück, sondern entfaltet bei diesem Vorgang so viel Energie, daß es sich in die entgegengesetzte Richtung verbiegt. Danach springt das Messer wieder zurück – immer noch mit so viel Energie, daß es abermals über seine ursprüngliche Position hinausschießt – und sich erneut zur ersten Seite hin verbiegt.

Dieses Hin- und Herbiegen geschieht Hunderte von Malen pro Sekunde, und wenn es sich um ein geeignetes Metall handelt, kann es fünf, zehn oder noch mehr Sekunden fortdauern. Deshalb ist Metall ein gutes Glockenmaterial.

Jedes Verbiegen komprimiert die Luft in der Nähe des Messers. Also entsteht eine Schallwelle. Der Rhythmus des Hin- und Herbiegens ist regelmäßig, deshalb sind auch die Schallwellen regelmäßig, und wir hören einen Ton. Mit anderen Worten: Das Metallmesser schwingt und erzeugt einen Laut. Eine Glocke ist ein Metallstück von anderer Form, die das gleiche macht.

Dabei ist Metall nicht der einzige Stoff, der wie eine Glocke klingt. Auch Glas tut es. Sogar bestimmte Holzarten kann man kurzzeitig zum Klingen bringen – zum Beispiel Rosenholz in Xylophonen und Marimbas. Da diesen verschiedenen Stoffen die Eigenschaft gemeinsam ist, zu erklingen, wenn man sie anschlägt, müssen in ihnen allen die Atome auf ähnliche Weise zusammengehalten werden.

## Warum fließen Flüsse nicht schnurgerade?

Immer wenn ein Fluß die Möglichkeit dazu hat, wird er sich in Schleifen durchs Land winden. Geologen nennen diese Schleifen Mäander.

Auf der Karte lassen sich solche Mäander überall entdecken – am unteren Mississippi, am Alabama River bei Selma, am Arkansas bei Tulsa, am Ohio bei Evansville und an Tausenden von kleineren Flüssen, immer dann, wenn das Wasser stetig über nahezu flaches Gelände fließt und der Boden von feiner Konsistenz ist.

Flüsse mäandrieren, weil jede kleine Biegung die Neigung zeigt, sich zu vergrößern.

Wasser, das um eine Flußbiegung fließt, hat eine gewisse Ähnlichkeit mit einem Auto, das um eine Straßenkurve fährt. Das Wasser wird in der Biegung nach außen gedrängt. An der Außenseite der Biegung spült das Wasser das Ufer aus.

Dagegen fließt das Wasser an der Innenseite der Biegung langsamer. Im Wasser befindliche Schwebstoffe können sich am innen gelegenen Ufer absetzen und sammeln.

Also frißt das Wasser an der Außenseite der Biegung, während es die Innenseite verstärkt. Die Flußbiegung wächst sich zu einer großen Schleife aus.

Wenn die Schleife groß genug ist, durchschneidet das Wasser sie an der schmalsten Stelle und beginnt den Mäandrierungsprozeß von vorn. Die abgeschnittene Schleife wird zu einem u-förmigen See.

Häufig verändert ein mäandrierender Fluß seinen Lauf. In seinem Buch *Life on the Mississippi* berichtet Mark Twain, daß die Flußlotsen zu seiner Zeit den Fluß auch während ihrer Freizeit immer wieder abfuhren, um sich mit den neuesten Veränderungen des Flußverlaufs vertraut zu machen.

# Wie hoch ist Ihre Durchschnittsgeschwindigkeit?

Merkwürdige Geräusche läßt Ihr Auto vernehmen. Achthundert Kilometer sind Sie von Zuhause fort, an Ihrem liebsten Urlaubsort. Die Fahrt hat acht Stunden gedauert – macht eine Durchschnittsgeschwindigkeit von hundert Stundenkilometern. Nicht schwer auszurechnen.

Jedenfalls bitten Sie einen Automechaniker, daß er einen Blick in das Innenleben Ihres Wagens wirft, bevor Sie sich auf den Heimweg machen. Der Mechaniker verkündet: »Sie haben eine abgefahrene Kupplung, schlechte Kolbenringe und einen verschmutzten Vergaser – um nur ein paar Sachen zu nennen. Ihr Auto schafft nur noch achthundert Kilometer!

Außerdem können Sie meine Werkstatt zwar noch mit hundert Stundenkilometern verlassen, doch dann wird Ihr Auto ständig an Geschwindigkeit verlieren, so daß es bei null angelangt ist, wenn Sie in Ihre Garageneinfahrt biegen. Sechzehn Stunden wird Ihre Heimfahrt dauern. Die Durchschnittsgeschwindigkeit wird fünfzig Stundenkilometer betragen.«

Offenbar erinnert sich dieser Automechaniker an den Mathematikunterricht seiner Schulzeit.

»Während der ersten acht Stunden Ihrer Fahrt werden Sie sechshundert Kilometer zurücklegen«, sagt er. »Im Laufe der nächsten acht Stunden nur ein Viertel der Strecke – 200 Kilometer. Die letzten vier Stunden davon werden Sie nicht mehr als 50 Kilometer schaffen. In der letzten halben Stunde Ihrer Fahrt werden Sie ausreichend Zeit haben, allen Ihren Nachbarn zuzuwinken, denn da legen Sie einen knappen Kilometer zurück!«

»Hm – vielleicht sollte ich nach Hause fliegen. Es gibt eine Pendlerverbindung, die dauert zwei Stunden.«

»Da rechnen Sie besser noch drei Stunden am Flughafen dazu und weitere drei Stunden, bis Sie Ihr Gepäck zu Hause haben«, meint der Mechaniker.

»Himmel, das macht acht Stunden – wenn ich nach Hause fliege, brauche ich ebenso lange wie mit einem heilen Auto! Vielleicht kann ich dies hier verschrotten und kriege so viel dafür, daß ein Flugticket herausspringt.«

# Grundbaustein des Lebens

Zu den Vorstellungen, die am entscheidensten für die Vereinheitlichung der modernen Biologie gesorgt haben, gehört der Gedanke, daß die Zelle der Grundbaustein des Lebens ist. Alle Lebewesen bestehen aus einer oder mehreren Zellen.

Wie grundlegend die Funktion von Zellen ist, hat sich seit der Erfindung des Mikroskops vor fast vierhundert Jahren nach und nach herausgestellt. Zuerst hat man Zellen bei Pflanzen entdeckt. Dann erkannte man die grundsätzliche Ähnlichkeit von pflanzlichen und tierischen Zellen. Noch später fand man heraus, daß neue Zellen nur aus bereits vorhandenen Zellen entstehen können.

Die Biologen waren beeindruckt von der Ähnlichkeit aller Zellen, egal ob sie von Eichen oder Menschen stammten. Alle Zellen sind von einer Membran umgeben, die kontrolliert, was in die Zelle hinein- und herausgelangt. Alle Zellen sind chemische Fabriken, die Nährstoffe aufnehmen, neue Stoffe herstellen, Energie umwandeln und Abfallprodukte beseitigen. Alle Zellen enthalten genetische Informationen, die durch die Moleküle der Desoxyribonukleinsäure, der berühmten DNS, codiert sind.

Zellen enthalten außerdem merkwürdige Relikte aus grauer Vorzeit. Innerhalb der Zellen von Algen, Pflanzen und Tieren befindet sich ein kleiner Kern, der seine eigene DNS, sein eigenes genetisches System, seine eigene Abstammungslinie besitzt, unabhängig vom Rest der Zellen. Diese kleinen Gebilde heißen Mitochondrien und Chloroplasten. Algen, Pflanzen und Tiere, wir Menschen eingeschlossen, haben Mitochondrien in den Zellen, nur Algen und Pflanzen besitzen außerdem Chloroplasten. Mitochondrien und Chloroplasten sind lebensnotwendig – sie versorgen den Rest der Zelle mit chemischer Energie. Doch in mancherlei Hinsicht sind sie wie Bakterien, die als Gäste in der Zelle leben. Neuere Forschungsergebnisse lassen darauf schließen, daß diese Mitochondrien und Chloroplasten tatsächlich von Bakterien abstammen, die vor einer Milliarde Jahren ein unabhängiges Leben geführt haben.

## Wie Aspirin zu seinem Namen kam

Das Wort »Aspirin« wurde in Deutschland kurz vor der Jahrhundertwende in dem von Friedrich Bayer gegründeten Chemieunternehmen erfunden.

Felix Hoffmann, ein Chemiker bei Bayer, untersuchte die Anwendungsmöglichkeiten von Salicylsäure, einer Substanz, die schon seit Jahren als Konservierungsmittel für Lebensmittel auf dem Markt war. Hoffmann überlegte, ob man sie nicht auch als Medikament verwenden könnte. Chemische Stoffe, die mit Salicylsäure verwandt sind, hatte man in Weidenrinde und im Öl des Wintergrüns gefunden und benutzte sie schon lange als Schmerzmittel.

Versuchsweise verabreichte Hoffmann Kranken reine Salicylsäure. Zwar linderte es die Schmerzen und senkte das Fieber, doch der Magen reagierte empfindlich darauf. Durch ein Verfahren, das man Acetylisierung nennt, veränderte Hoffmann die Säure und hoffte, daß die acetylierte Salicylsäure magenfreundlicher wäre, ohne ihre Wirksamkeit zu verlieren. Sie war es in der Tat. Hoffmann hatte ein Mittel erfunden, das gute Voraussetzungen besaß, zum Bestseller auf dem Pharmamarkt zu werden. Aber würde die Öffentlichkeit den Namen schlucken – Acetylsalicylsäure?

Die rettende Idee kam von Heinrich Dreser, einem Vorgesetzten Hoffmanns bei Bayer. Dreser erinnerte sich, daß Salicylsäure auch in Pflanzen gefunden wird, die unter dem Namen Spiräen bekannt sind. In dieser Form hieß die Säure Spirinsäure. Dreser setzte ein »A« für »acetylisiert« vor das Wortteil »Spirin« und erhielt den mittlerweile berühmt gewordenen Namen »Aspirin«. So wurde 1899 zu dem Jahr, in dem das Aspirin seinen Namen erhielt.

Wer weiß, welche zungenbrechenden wissenschaftlichen Bezeichnungen von heute einem ähnlichen Vereinfachungsprozeß unterworfen werden, damit sie morgen in aller Munde sind?

## Kaltes Wasser am Grund eines Sees

Es ist ein warmer Sommermorgen, und Sie stehen bis zum Hals in einem Süßwassersee. Sie bemerken, daß Ihre Füße kälter sind als Ihre Schultern. Natürlich, kaltes Wasser sinkt nach unten. Aber um wieviel kälter könnte wohl das Wasser ganz unten auf dem Grund des Sees sein?

Das kommt ganz auf den See an – wo er liegt und wie tief er ist. Aber in einem Süßwassersee ist das kälteste Wasser am Grund des Sees nicht kälter als etwa 4 °C.

Bei dieser Temperatur ist Süßwasser dichter als bei jeder anderen Temperatur. Alles Wasser, das 4 °C warm ist, wird zum Grund des Sees sinken. Wasser, das wärmer oder kälter ist, steigt nach oben und wird dem Wetter ausgesetzt.

Deshalb ist das Wasser in einem See in Temperaturschichten unterteilt – ausgenommen von zwei kurzen Perioden im Jahr, wenn nämlich das Wasser an der Oberfläche die gleiche Temperatur hat wie das Wasser am Seegrund. Einmal geschieht das für wenige Tage im Frühjahr, wenn das kalte Wasser an der Oberfläche von der Sonne erwärmt wird, und einmal im Herbst, wenn die warme Wasseroberfläche vom nahenden Winter abgekühlt wird. Während dieser besonderen Phasen, die sich »Frühjahrsumschlag« beziehungsweise »Herbstumschlag« nennen, hat das Wasser überall im See die gleiche Temperatur.

Wenn dann noch Wind das Wasser in Bewegung bringt, werden Sauerstoff und Nährstoffe im ganzen See verteilt. Für Fische und andere Seebewohner gehört das zu den größten Ereignissen des Jahres.

## Warum leben Frauen länger als Männer?

In den Industriegesellschaften leben Frauen im Durchschnitt länger als Männer. Und das, obwohl das Spiel des Lebens, wenn man es denn so nennen will, mit klaren Vorteilen für den Mann beginnt.

Man schätzt, daß die Männer den Frauen bei der Empfängnis zahlenmäßig im Verhältnis 115 zu 100 überlegen sind. In den Monaten vor der Geburt wird diese männliche Dominanz durch Fehl- oder Totgeburten vermindert. Deshalb beträgt das Verhältnis bei den Geburten nur noch 105 zu 100 zugunsten der Männer.

Im Alter von dreißig Jahren hat sich die Zahl der Männer und Frauen in etwa ausgeglichen. Von da an übernehmen die Frauen im Überlebensspiel die Führung. Im Alter von fünfundsechzig Jahren liegen die Frauen im Verhältnis von 120 zu 100 vor den Männern.

Wie vielschichtig die Gründe dafür sind, findet man gerade erst heraus.

Bei Männern ist das Risiko größer, an Herzerkrankungen, Schlaganfall, Lungenkrebs, Unfällen oder Mord zu sterben. Frauen sind anfälliger, aber ihre Krankheiten sind nicht so lebensgefährlich – sie erkranken an Arthritis, Lupus oder Nebenhöhlenentzündungen.

Frauen scheinen durch ihre Sexualhormone, die Östrogene, vor Herzkrankheiten bewahrt zu werden. Aus noch nicht näher bekannten Gründen halten Östrogene den gefährlichen Cholesterinspiegel im Blut niedrig. Andererseits neigen die männlichen Sexualhormone, die Androgene, dazu, den schädlichen Cholesterinspiegel in die Höhe zu treiben. Das deckt sich mit der Beobachtung, daß bei Männern ab vierzig die Gefahr von Herzkrankheiten steil ansteigt, Frauen einen solchen Anstieg aber erst in den Wechseljahren zu verzeichnen haben.

Doch all das befindet sich im Wandel – vor allem rauchen heute mehr Frauen als in den Jahrzehnten zuvor. Vielleicht werden die Frauen die Männer in Zukunft nicht mehr so häufig überleben.

# Eine Niederschlagswahrscheinlichkeit von dreißig Prozent

Was sollen wir tun, wenn es in der Wettervorhersage heißt, die Niederschlagswahrscheinlichkeit betrage dreißig Prozent – dreißig Prozent von unserem Regenschirm mitnehmen?

Eine Regenwahrscheinlichkeit von dreißig Prozent heißt, daß die Meteorologen ihr ganzes Wissen von historischen Verhältnissen und dem derzeitigen Zustand der Atmosphäre zugrunde legen und daraus schließen, daß es an etwa dreißig von hundert Tagen wie diesem regnen wird.

Sie haben sicherlich bemerkt, daß die Wetterfrösche in jedem Fall recht behalten, ob es an diesem Tag regnet oder nicht. Drücken sie sich vor der Verantwortung, indem sie eine klare Ja-Nein-Aussage vermeiden?

Nicht ganz. Mit der Zahl von dreißig Prozent bringen die Meteorologen die Unvollständigkeit ihres Wissens so genau wie möglich zum Ausdruck. Ob wir einen Schirm mitnehmen oder nicht, hängt davon ab, wie groß unsere Angst ist, naß zu werden. Wir müssen uns ein paar Fragen stellen, die nur wir selbst beantworten können:

»Wie viele Stunden werde ich heute draußen bleiben?«

»Werde ich stinkwütend, wenn ich meinen Schirm zu Hause lasse, und es fängt zu regnen an? Wird es mich nur wenig stören oder gar amüsieren?«

»Werde ich den Schirm irgendwo liegenlassen und vergessen, wenn ich ihn mitnehme und es regnet nicht?«

»Nehme ich heute etwas mit, das auf keinen Fall naß werden darf, ein Aquarell zum Beispiel oder eine Katze?«

Die Wetterfrösche haben das ihre getan: Sie haben nach bestem Wissen und Gewissen eine Prognose über die Niederschlagswahrscheinlichkeit abgegeben. Nun müssen wir selbst entscheiden, nach eigenem Gutdünken, ob wir hundert Prozent eines Regenschirms mitnehmen oder nicht. Wenn es regnet, werden uns dreißig Prozent eines Regenschirms jedenfalls nichts nützen.

# Limeys

Der abwertende amerikanische Slangausdruck *limey* für Engländer (was etwa unserer Bezeichnung »Tommy« entspricht) ist aus dem Wort *lime-juicer* entstanden.

Ursprünglich waren die *lime-juicer* jene englischen Matrosen des 19. Jahrhunderts, die Zitronen- oder Limonensaft in ihrer Nahrung erhielten, damit sie nicht an Skorbut erkrankten, einer Krankheit, die sich in verfaultem Zahnfleisch, wackligen Knien und Müdigkeit äußert. Ende des 18. Jahrhunderts war etwa ein Siebtel aller Matrosen der englischen Marine daran erkrankt.

Als sich der schottische Marinechirurg James Lind näher mit Skorbut befaßte, fand er heraus, daß er oft durch den Verzehr von frischem Obst und Gemüse geheilt wurde – Dingen, die man in der einfachen Haferschleimkost der Matrosen natürlich vergeblich suchte. Und es war damals, wie Lind sehr wohl wußte, auch nur unter großen Schwierigkeiten möglich, Frischobst an Bord mitzuführen. Doch er stellte Versuche an und fand heraus, daß der Saft von Zitronen, Limonen und Orangen zur Heilung und Vorbeugung von Skorbut genügt. Deshalb empfahl er, man solle den Matrosen auf See Zitronensaft zu trinken geben. Schließlich beherzigte die Marineführung seinen Vorschlag und stattete alle englischen Schiffe, die in den neunziger Jahren des 18. Jahrhunderts in See stachen, mit Zitronensaft aus. Mitte des 19. Jahrhunderts waren Limonen billiger als Zitronen, also nahm man Limonen- statt Zitronensaft. Und die englischen Matrosen wurden erst zu *lime-juicers* und dann zu *limeys.*

Heute wissen wir, daß für die englischen Matrosen der entscheidende Bestandteil in ihrem Fruchtsaft das Vitamin C war. Deshalb bezeichnete man Vitamin C auch eine Zeitlang als antiskorbutischen Stoff, beugte es doch dem Skorbut vor. Der geläufigere Gattungsbegriff Ascorbinsäure wurde 1933 geprägt.

## Wie beginnt Lungenkrebs?

Was geschieht im einzelnen, wenn Lungenkrebs ausbricht? Nach allem, was wir wissen, sieht es etwa folgendermaßen aus:

Ihre Lungen bestehen aus Zellen. Während des Wachstums teilen sich die Lungenzellen viele Male und bilden neue Lungenzellen. Normalerweise ist das ein wunderbar gesteuerter und koordinierter Prozeß, und Sie erhalten eine gesunde Lunge, die mit Ihnen wächst.

Sobald Sie erwachsen sind, teilen sich Ihre Lungenzellen nicht mehr annähernd so häufig. In jeder Zelle befinden sich nämlich Gene, die die Zelle an der Teilung hindern – Gene, deren Zweck es ist, zu sagen: »Teil dich nicht!«

Nehmen wir nun an, einige dieser Gene in den Lungenzellen sind beschädigt, vielleicht durch etwas, das Sie inhalieren – Substanzen im Tabakrauch zum Beispiel. Nehmen wir weiter an, es wurden die Teil-dich-nicht-Gene beschädigt. Dann setzt die Zelle ihre Teilung fort. Nichts wird sie aufhalten. Sie wird sich in zwei neue Lungenzellen teilen, jede mit geschädigten Teil-dich-nicht-Genen, genau wie die Ursprungszelle. Jede dieser Zellen wird sich erneut teilen – je zwei neue Zellen mit beschädigten Teil-dich-nicht-Genen bilden – und so wird sich die ungesteuerte Vervielfältigung der kranken Ursprungszelle fortsetzen. Das ist Lungenkrebs.

Diesen Zusammenhang zwischen einem Gen, das seine Aufgabe nicht erfüllt, und einer Krebserkrankung hat man vor allem beim Lungenkrebs unzweifelhaft nachgewiesen, doch er könnte auch bei anderen Krebsarten von entscheidender Bedeutung sein.

# Frühlingslicht

Wenn wir über den Frühling reden, unterhalten wir uns in der Regel über warmes Wetter oder Schneeschmelze. Doch die meisten Lebewesen erkennen den Frühling vor allem an der Zunahme des Sonnenlichts.

Die Sonne steht an einem Frühlingstag zur Mittagszeit höher am Himmel als am Mittag eines Wintertags. Außerdem bleibt die Sonne pro Tag mehr Stunden am Himmel, wenn der Winter dem Frühling und dieser dem Sommer weicht.

Aus dem Sonnenlicht stellen Grünpflanzen ihre Nahrung her. Jede Pflanze hat ihre eigene Methode, sich das nötige Sonnenlicht dafür zu beschaffen.

In einem Laubwald sind die Hauptkonsumenten des Sonnenlichts die großen Bäume – Eichen, Ahorn, Hickorybäume und so fort. Bis zum Sommer haben sie ein so dichtes Laubdach entwickelt, daß fast kein Sonnenlicht mehr in den Wald dringt. Wie überleben die anderen Pflanzen?

Unter diesem Blätterdach müssen die Pflanzen mit einem winzigen Bruchteil der vollen Sonneneinstrahlung auskommen. Zu solchen Schattenpflanzen gehören der Dreiblättrige Zeichenwurz, wilder Ingwer und Wachslilien.

Andere Pflanzen überleben am Waldboden, weil sie das ungebrochene Sonnenlicht des Frühlings nutzen, wenn die Sonne hoch am Himmel steht, ihre Strahlen aber noch nicht durch die Blätter der großen Bäume abgefangen werden. Diese Pflanzen – kurzlebig nennt man sie –, zu denen der Gemeine Hundezahn, der Doppelsporn und die Knollengrensel gehören, blühen und welken, bevor sich die Blätter der Bäume vollständig entfaltet haben. In dieser kurzen Zeit müssen sich die kurzlebigen Pflanzen mit soviel Nahrung versorgen, daß es für den Rest des Jahres reicht. Sie speichern ihre Nahrung in Knollen oder anderen unterirdischen Organen.

Kurzlebige Pflanzen, Schattengewächse und große Bäume haben also einen Zeitplan, nach dem sie das Sonnenlicht untereinander aufteilen. Dieses System der Koexistenz muß sich über einen langen Zeitraum entwickelt haben.

# Vitamine

1912 veröffentlichte der polnische Biochemiker Casimir Funk einen Artikel über Nährstoffe, die Krankheiten wie Beriberi oder Skorbut vorbeugen können. Funks Analyse ließ darauf schließen, daß diese prophylaktischen Nährstoffe möglicherweise zur chemischen Familie der Amine gehören. Die Stoffe waren von »vitaler«, also lebenswichtiger, Bedeutung für eine gesunde Ernährung. Funk nannte sie deshalb vitale Amine, oder »Vitamine« (im Englischen aus *vital* und *amines* gebildet, also *vitamines* – mit einem »e« am Ende).

1916 gab es Hinweise darauf, daß diese prophylaktischen Nährstoffe wohl doch nicht das waren, was die Chemiker Amine nennen. Daraufhin wurde im Englischen der Name *vitamines* aufgegeben und durch *fat-soluble A* (fettlöslich A) und *water-soluble B* (wasserlöslich B) ersetzt. (Damals waren nur die beiden Arten bekannt.)

1920 befand ein anderer Chemiker, die Bezeichnungen *fat-soluble A* und *water-soluble B* seien zu schwerfällig. Er schlug vor, stattdessen das »e« aus der ursprünglichen Bezeichnung *vitamines* zu streichen und die Stoffe *vitamins* zu nennen. Egal was die Stoffe im Endeffekt wären, die Bezeichnung »Vitamin« sei aus chemischer Sicht auf jeden Fall vertretbar. Würde man neue Substanzen entdecken, könnte man sie durch geeignete Buchstaben kennzeichnen – Vitamin A, Vitamin B, Vitamin C usw. (nun im Englischen und Deutschen gleich geschrieben).

## Farben und ihre Gegensätze

Stellen wir zunächst ein paar grundsätzliche Überlegungen über Farbstoffe an. Normalerweise denken wir, Farbstoffe seien Substanzen, die den Dingen Farbe hinzufügen. Doch physikalisch betrachtet, beruht die Wirkung von Farbstoffen vielmehr darauf, daß sie Farben fortnehmen – dem weißen Licht entziehen.

Nehmen wir als Beispiel ein rotes Auto, das in der Sonne steht. Im Sonnenlicht sind bereits alle Farben des Regenbogens enthalten. Der rote Farbstoff des Autos absorbiert die nicht-roten Farben des Sonnenlichts und reflektiert nur die rote in unser Auge. Alles, was nicht rot ist, absorbiert der rote Farbstoff oder besser: er entzieht es dem weißen Licht.

Was passiert mit den Farben, die nicht rot sind und die vom roten Farbstoff absorbiert werden? Im Prinzip wird das absorbierte Licht in Wärme umgewandelt. Doch hier kommen wir zu einer fast philosophischen Frage: Wenn man das Licht, das der rote Farbstoff absorbiert, irgendwie sehen könnte, was würde man sehen? Oder anders gefragt: Wie sieht Nicht-Rot aus?

Tatsächlich ist es eine bläulich-grüne Farbe namens Zyan. Leute, die sich beruflich mit Farben beschäftigen, sprechen von Zyan als der Komplementärfarbe des Rot. Zyan ist die Farbe, die ein roter Farbstoff dem weißen Licht entzieht. Was passiert aber, wenn man Zyan und Rot wieder zusammenfügt? Mischt man zyanfarbenes Licht mit rotem Licht, so erhält man weißes Licht – man setzt die Farben des Sonnenlichts wieder zusammen. Alle Farben, die nicht im Zyan enthalten sind, liefert das Rot.

Mit Farbstoffen verhält es sich anders. Mischt man zyanfarbenen Farbstoff mit rotem Farbstoff, erhält man schwarzen Farbstoff, weil der rote Farbstoff all die Farben absorbiert, die nicht vom Zyan geschluckt werden. Nichts wird reflektiert, folglich sieht der Farbstoff schwarz aus.

Eine Mischung aus einer beliebigen Farbe und ihrer Komplementärfarbe ergibt Weiß, wenn es sich um Licht handelt, und Schwarz, wenn wir es mit Farbstoffen zu tun haben. Dies ist eines der Grundgeheimnisse bei jedem Umgang mit Farben, egal, ob wir es mit der Malerei oder dem Farbfernsehen zu tun haben.

# Wie sieht die Welt für eine Biene aus?

Bei einer ganz allgemeinen Beschreibung des Lichtes müssen wir zunächst drei seiner Eigenschaften genauer definieren: die Helligkeit oder Intensität, die Farbe und die Polarisation.

Die Polarisation ist eine Eigenschaft, die unser Auge nicht erfaßt. Die Umgangssprache kennt keine Wörter, um die Polarisation zu beschreiben, also müssen wir auf ein mehr oder weniger wissenschaftliches Vokabular zurückgreifen.

Wenn wir uns Licht als etwas vorstellen, das sich wie eine Welle durch den Raum bewegt, etwa wie eine Welle auf einem Teich, dann könnten wir Polarisation als die Richtung beschreiben, in der die Welle schwingt. Die Schwingung einer Lichtwelle verhält sich immer rechtwinklig zur Richtung, in der sie sich bewegt. Doch die Lichtschwingung kann auf- und abwärts erfolgen, seitwärts oder in einer beliebigen Kombination der beiden Möglichkeiten.

Verlaufen die Schwingungen in beliebige Richtungen, dann bezeichnen wir das Licht als unpolarisiert; nehmen die Schwingungen die gleiche Richtung ein, so ist es vollständig polarisiert. Polarisationsformen, die zwischen diesen beiden Extremen liegen, sind am häufigsten.

Unsere Augen können die Polarisation nicht erfassen. Doch wir wissen seit Jahrzehnten, daß Insekten im allgemeinen – und Bienen im besonderen – erkennen, in welche Richtung eine Lichtwelle schwingt. Bienen orientieren sich am Stand der Sonne. Dazu müssen sie die Sonne nicht direkt sehen, es reicht ihnen ein Blick auf ein kleines Stück klaren Himmel. Das blaue Leuchten des Himmels ist polarisiert, wobei an jeder Stelle des Himmels Richtung und Stärke der Polarisierung je nach dem Sonnenstand unterschiedlich sind. Nur einen kleinen Fleck Himmel braucht die Biene, um anhand der Polarisation zu erkennen, wo die Sonne steht.

Bienen sehen also eine Dimension mehr als wir. Neben Helligkeit und Farbe erblicken sie auch die Polarisation. Was für ein Gefühl ist das? Wie sieht die Welt für eine Biene aus? Wir werden es wohl nie erfahren.

## Der Tod der Dinosaurier: Eine kurze Bestandsaufnahme

Fossile Funde lassen darauf schließen, daß vor 65 Millionen Jahren plötzlich mehr als die Hälfte aller lebenden Arten ausstarben, auch die letzten Dinosaurier. Was war passiert? Das dürfte wohl eines der berühmtesten Geheimnisse der Naturwissenschaft sein.

Die moderne Auseinandersetzung begann 1980 mit der Entdeckung einer Tonschicht, die mit dem Element Iridium angereichert war und in ihrer Tiefe der Zeit des großen Sterbens entsprach. Im übrigen fand man diese Schicht an verschiedenen Orten auf der ganzen Erde. Da Iridium in Meteoriten größere Konzentrationen aufweist als in irdischem Gestein, äußerte Luis Alvarez vom Lawrence-Berkeley-Labor in Kalifornien die Hypothese, die Erde sei vor 65 Millionen Jahren von einem riesigen Meteoriten oder einem kleineren Kometen getroffen worden. Der Aufprall habe weltweit eine riesige Staubwolke aufgewirbelt, die die Sonne verdeckt habe. Dadurch seien viele Grünpflanzen ausgestorben und mit ihnen die Tiere, die sich von ihnen ernährten. Es gibt auch einen neueren Anhaltspunkt für die Richtigkeit dieser Theorie: die Entdeckung von Quarzkörnchen, die Spuren eines solchen Aufpralls tragen.

Doch einige Geologen behaupten, für die Erklärung der Iridiumanreicherung und der Quarzveränderung müsse nicht unbedingt der Aufschlag eines kosmischen Objektes bemüht werden – es könnte auch ein Vulkanausbruch gewesen sein. Und einige Paläontologen nehmen an, die verschiedenen Arten seien vor 65 Millionen Jahren möglicherweise nicht exakt zur gleichen Zeit ausgestorben. Außerdem hätten viele das große Sterben überlebt, unter anderem die Vorfahren aller heute existierenden Organismen.

Vielleicht, so wird in jüngerer Zeit vorgebracht, sind in einem Zeitraum von mehreren hunderttausend Jahren viele kleine Meteoriten aufgeschlagen, die im Laufe der Zeit mehr und mehr Arten haben aussterben lassen. Möglicherweise wurde die Erde von einem Kometenschwarm getroffen, den der Zusammenstoß mit einem nahen Stern in das innere Sonnensystem geschleudert hat!

Dies sind nur ein paar Aspekte der Kontroverse über das Saursterben. Eine Lösung ist nicht in Sicht.

## Warum stellen wir Schnittblumen ins Wasser?

Wasser hält Schnittblumen und andere Pflanzen durch einen der wichtigsten und allgegenwärtigsten Prozesse frisch, den die natürliche Welt auf unserem Planeten kennt: die Osmose. Wir bezeichnen damit das Bestreben des Wassers, sich in Regionen mit höheren Konzentrationen von gelösten Stoffen zu bewegen. Egal ob es sich um Mineralien, Zucker oder andere Substanzen handelt, in der Regel wird das Wasser dorthin wollen, wo mehr gelöste Stoffe sind.

Jede Pflanzenzelle hat eine Art Haut – die Membran. Wasser kann leicht durch die Membran dringen, viele andere Stoffe nicht. In jeder Pflanzenzelle befinden sich gelöste Stoffe in hoher Konzentration. Folglich ist das Wasser bestrebt, in die Zelle einzudringen.

Solange die Konzentration der gelösten Stoffe in der Zelle größer ist als außerhalb, wird sich das Wasser normalerweise einen Weg nach innen suchen. Der Wasserdruck, der sich dann innerhalb der Zelle aufbaut, gibt einer gesunden Pflanze ihr frisches Aussehen. Häufig sorgt dieser Druck auch dafür, daß sich die Zellen ausdehnen. Für Pflanzen ist das eine Möglichkeit zu wachsen. So wird auch klar, warum Pflanzen verwelken, wenn sie nicht genug Wasser bekommen: Die Zellen verlieren ihren inneren Wasserdruck.

Pflanzen, und vor allem Schnittblumen, bleiben also frisch, weil die gelösten Stoffe das Wasser mittels Osmose praktisch durch die Membran ins Zellinnere ziehen. Die lebende Natur hat sich noch andere Verfahren einfallen lassen, um Wasser zu transportieren, doch die Osmose ist eines der wichtigsten.

## Leben ohne Null

Die Null ist eine der größten Erfindungen der Menschheit, ein unmißverständliches Symbol für Nichts.

Die alten Griechen und Ägypter hatten keine Null. Sie benutzten völlig andere Symbole für 9, 90, 900 und so fort. Zwei große Nachteile hat dieses System. Erstens liefert es nur Symbole für Zahlen, die bereits von jemandem erdacht wurden. Wollte man beispielsweise über die Zahl 900 Milliarden sprechen, so müßte man erst ein Symbol für sie erfinden. Außerdem ließ sich nur sehr mühsam mit dem System der alten Griechen und Ägypter rechnen. Ohne Null ist die Multiplikation von 3 mal 90 etwas ganz anderes als die von 3 mal 9.

Die ersten belegten Nullsymbole tauchten um 500 v. Chr. auf babylonischen Tontafeln auf. Hier wurde die Null benutzt, um die Symbole für größere Zahlen zu verdeutlichen.

Die Idee, die Null in Rechenaufgaben als normale Zahl zu benutzen, stammt von einem hinduistischen Astronomen des siebten Jahrhunderts n. Chr. Brahmagupta, so hieß er, hat als erster Regeln für das Rechnen mit Nullen aufgestellt. Erst siebenhundert Jahre später hat das Abendland Nullen in seinen Rechnungen geduldet, ein Schritt, zu dem der italienische Mathematiker Leonardo Fibonacci im 13. Jahrhundert die entscheidende Vorarbeit geleistet hat.

Dank der Null müssen wir das Einmaleins nur bis zu zehn mal zehn auswendig lernen. Dank der Null können wir mit zehn Tasten jede Zahl in unseren Taschenrechner eingeben. Und wenn wir uns irgendeine gigantische Zahl vorstellen wollen, so ist das kinderleicht – wir müssen nur ein paar Nullen dranhängen.

# Prostaglandine

Prostaglandine gehören zur Familie der chemischen Botenstoffe im Körper. Insofern ähneln sie den Hormonen. Doch anders als die bekannten Hormone werden Prostaglandine nicht in speziellen Drüsen gebildet – offenbar können sie von Zellmembranen in praktisch jedem Teil des Körpers hergestellt werden.

Unter anderem kommen Prostaglandine auch in der menschlichen Samenflüssigkeit vor. Schon früh machte man die bemerkenswerte Entdeckung, daß die Prostaglandine in der Samenflüssigkeit Muskelkontraktionen der Gebärmutter hervorrufen, wodurch die Samenzellen besser in das weibliche Fortpflanzungssystem gelangen können. In diesem Fall scheinen die Prostaglandine eines Individuums ihre Aufgabe erst in einem anderen Individuum zu erfüllen.

Andere Prostaglandine haben andere Aufgaben. Manche beeinflussen die Sekretion von Verdauungssäften. Einige bewirken eine Verengung der Blutgefäße, andere eine Erweiterung. Einige regen die Blutgerinnung an, andere wirken ihr entgegen.

Ganz nebenbei lieferte die Prostaglandinforschung auch eine Antwort auf die jahrzehntealte Frage nach der Wirkung von Aspirin. Verschiedene Prostaglandine können in hohen Dosen Gewebsentzündungen, Kopfschmerzen, Fieber und Muskelkontraktionen verursachen. Um 1970 fand man heraus, daß Aspirin ein Enzym inaktiviert, das zur Herstellung von Prostaglandinen erforderlich ist. Offensichtlich ist das der Grund, warum Aspirin Entzündungen, Kopfschmerzen, Fieber – und die krampfartigen Menstruationsschmerzen lindert. (Für diese Forschungsergebnisse wurde 1982 der Nobelpreis verliehen.)

1930 wurden die Prostaglandine entdeckt, doch viel konnte man damals nicht über sie herausfinden, weil sie vom Körper nur in winzigen Mengen hergestellt und von Enzymen in Minutenschnelle zerlegt werden. Als man in den sechziger Jahren neue Geräte für genauere chemische Analysen entwickelte, gelang es rasch, die Kenntnisse auch auf diesem Gebiet zu erweitern. Trotzdem haben die Prostaglandine viele ihrer Geheimnisse bis auf den heutigen Tag bewahrt.

## Gesüßte Kondensmilch

Gesüßte Kondensmilch ist wegen des Zuckerzusatzes – etwa 25 Prozent des Gesamtgewichtes – eine beliebte Zutat süßer Rezepte. Doch als man die gesüßte Kondensmilch im 19. Jahrhundert erfand, tat man es nicht wegen des Geschmacks, sondern wegen der Haltbarkeit. Und das funktioniert – selbst bei geöffneter Dose hält sich gesüßte Kondensmilch länger als Frischmilch.

Der zugesetzte Zucker tötet die Bakterien, die sonst die Milch verdauen und verderben würden. Dabei vergiftet der Zucker die Bakterien nicht, sondern tötet sie durch einen viel direkteren physikalischen Prozeß ab: Er entzieht den Bakterien Wasser, so daß sie schrumpfen und absterben.

Jede Bakterienzelle hat eine Art Haut – eine Membran, wie man in der Wissenschaft sagt. Wasser kann mühelos durch diese Membran gelangen, nicht aber die in ihm gelösten Stoffe. Nun strebt Wasser stets in Regionen mit hohen Konzentrationen gelöster Stoffe. In einer Dose mit gesüßter Kondensmilch sieht sich die Bakterienzelle von einer hochkonzentrierten Zuckerlösung umgeben. Folglich dringt das Wasser, das sich im Zellinneren befindet, durch die Zellmembran nach außen in die Zuckerlösung. Die Bakterienzelle trocknet aus und stirbt in einem Meer von Zuckerwasser.

Genau diese Wirkung hat auch der Zucker, mit dem man Obst süßt – auf diesem Prinzip beruht das Einmachen von Obst. Und wenn man andere Nahrungsmittel mit Salz haltbar macht, so hält man sich an das gleiche Prinzip.

Das Bestreben des Wassers, stets Bereiche mit hohen Konzentrationen an gelösten Stoffen aufzusuchen, bezeichnet man in der Wissenschaft als Osmose. In Lebewesen ist die Osmose die häufigste Methode zum Wassertransport.

## Was der Wetterbericht verschweigt

Wenn wir im Wetterbericht hören, daß die Außentemperatur, sagen wir, 21 Grad beträgt, dann ist dieser Wert gewöhnlich mit einem Thermometer gemessen worden, das sich mindestens zwei Meter über dem Boden befindet. Nun kann aber die Temperatur in Bodennähe ganz anders sein. An einem sonnigen Tag kann die Temperatur in Knöchelhöhe möglicherweise fünf bis zehn Grad wärmer sein als in Augenhöhe. Ein Tag, den wir als kalt empfinden, kann für Kaninchen und Eichhörnchen warm sein.

Die Sonnenstrahlen erwärmen den Boden und die Luft, den Boden jedoch stärker als die Luft. Erde und Grünpflanzen nehmen das Sonnenlicht auf und wandeln es besser in Wärme um als die Luft. So fühlt sich eine Wiese aus Gras, Klee und Löwenzahn auch an einem kühlen, sonnigen Nachmittag warm an.

Die Wärme des Bodens überträgt sich auf die Luft unmittelbar darüber – ein paar Zentimeter weit. Diese Oberflächenluft bewegt sich kaum, sie wird von keiner Brise erfaßt. So erwärmt sie sich und bleibt warm.

Wo Vegetation ist, fällt die Obergrenze der wärmsten Temperatur in der Regel mit der Obergrenze der Blätter zusammen. Der wärmste Ort in einem Kleefeld befindet sich etwa einen Zentimeter über dem Boden; in einem reifen Kornfeld liegt er einen bis anderthalb Meter hoch; in einem Wald von Eichen und Walnußbäumen ist der wärmste Platz in den Wipfeln der Bäume – vielleicht dreißig Meter hoch.

Das Prinzip gilt auch für Plastikpflanzen. Bei einem Baseballspiel der Oberliga können am Tage Temperaturen von 30 Grad auf der Tribüne und von über 40 Grad auf dem Spielfeld gemessen werden, was zum Teil daran liegt, daß es dem Kunstgras so gut gelingt, Sonnenlicht in Wärme umzuwandeln.

## Warum Rasenmähen dem Gras nicht den Garaus macht

Fällt man eine Eiche, dann stirbt auch ihr Stumpf. Doch wenn man Gras schneidet, fügt man ihm nicht den geringsten Schaden zu. Der Grund: Das Wachstum der Eiche vollzieht sich in den Astspitzen, während das Gras am Boden wächst. Außerdem können Gräser, im Gegensatz zu anderen Pflanzen, ihre Blätter erneuern.

Ein Grashalm ist das Ende eines langen, schmalen Blattes. Wenn man einen Grashalm an dem Stengel entlang bis zum Ende der Graspflanze verfolgt, dann kann man sehen, daß der Halm aus einer Hülle kommt, die den Stengel umgibt. Am Ende dieser Hülle befindet sich eine Art Knoten. An diesem Knoten haben die Stengel einiger Gräser eine leichte Ausbuchtung. Die Knoten sind der Ausgangspunkt für neues Wachstum der Graspflanze. Eine kurze Graspflanze hat mindestens einen Knoten in Bodennähe, wo er vor dem Rasenmäher sicher ist; eine hohe Graspflanze kann mehrere Knoten entlang des Stengels aufweisen.

Wenn ein Grashalm durch einen Rasenmäher oder ein grasendes Tier abgerupft wird, wandert ein bis jetzt noch unbekanntes Signal zum Knoten, das diesen dazu anregt, neue Blätter zu produzieren. Für äsende Tiere ist das von besonderem Nutzen, denn je mehr sie fressen, desto kräftiger sprießt das Gras an dieser Stelle.

Die Fähigkeit, alte Blätter zu erneuern, ist ein besonderes Merkmal von Gras. Im allgemeinen ist das anderen Pflanzen nicht möglich. Eine Eiche treibt jedes Jahr neue Blätter aus, aber sie kann Teile eines bereits vorhandenen Blattes nicht ersetzen. Ein Eichblatt wächst bis zu einer bestimmten Größe und stellt das Wachstum dann ein. Schneidet man einen Teil des Blattes fort, so wächst er nicht nach.

Letztlich erwarten das Eichblatt Alter und Tod. Grashalme bleiben den ganzen Sommer hindurch jung.

# Ein Spiegelrätsel

Was genau ist der Unterschied zwischen der Erscheinung eines wirklichen Gegenstandes und seinem Spiegelbild?

Offensichtlich gibt der Spiegel das Bild des Gegenstandes seitenverkehrt wieder. Wenn Sie zum Beispiel in Ihren Badezimmerspiegel blicken, sehen Sie die linke und die rechte Seite vertauscht. Wenn Sie die Zahnpastatube hochhalten, dreht der Spiegel die Buchstaben um. Offenkundig vertauscht das Bild im Badezimmerspiegel links und rechts.

Doch nicht bei allen Spiegelbildern ist das der Fall. Einige vertauschen oben und unten. Denken Sie an Bäume auf einem gegenüberliegenden Seeufer und ihr Spiegelbild im Wasser. Bei den gespiegelten Bäumen sind oben und unten vertauscht, aber links und rechts haben Spiegelbild und Wirklichkeit gemeinsam.

Anscheinend haben wir es mit einem Widerspruch zu tun: Der Badezimmerspiegel vertauscht rechts und links, die Seeoberfläche oben und unten. Wie kann das sein? (Selbstverständlich hat die Erklärung nichts mit der unterschiedlichen Beschaffenheit von Glas und Wasser zu tun. Wenn Sie einen Spiegel flach auf einen Tisch legen, wird das Spiegelbild genauso ausgerichtet sein wie auf der Seeoberfläche.) Läßt sich der entscheidende Unterschied zwischen dem realen Gegenstand und seinem Spiegelbild genau beschreiben? Läßt sich eine Regel aufstellen, die für jede Situation gilt?

Hier ein Hinweis: Betrachten Sie das Spiegelbild einer Uhr – einer altmodischen Uhr mit Minuten- und Stundenzeigern. Noch besser ist ein Sekundenzeiger. Worin besteht nun der entscheidende Unterschied zwischen der richtigen Uhr und ihrem Spiegelbild?

Überlegen Sie, was Sie gesehen haben, als Sie das Spiegelbild der Uhr betrachteten. Während die Zeiger der richtigen Uhr sich vorwärts oder im Uhrzeigersinn bewegten, gehen die Zeiger des Spiegelbilds rückwärts oder gegen den Uhrzeigersinn. Darin liegt auch die Antwort auf unser Rätsel: Der Spiegel vertauscht Uhrzeigersinn und Gegenrichtung. Ob das Spiegelbild die richtige Seite oben wiedergibt, den Gegenstand auf den Kopf stellt oder ihn seitenverkehrt zeigt, hängt einfach davon ab, wie man den Spiegel hält.

Doch der entscheidende Unterschied zwischen Realität und Spiegelbild ist das Vertauschen von Uhrzeigersinn und Gegenrichtung.

Oder nehmen Sie den Buchstaben »p«, zum Beispiel in dem Wort »Shampoo« auf Ihrer Shampooflasche. Der kürzeste Weg von der Spitze des Buchstabens »p« um die Schleife herum folgt auf der echten Flasche dem Uhrzeigersinn, während er auf der Flasche, die sich im Wasser spiegelt, gegen den Uhrzeigersinn verläuft. Auf dem Zifferblatt Ihrer Uhr folgt der kürzeste Weg von der Zwölf zur Drei in der Wirklichkeit dem Uhrzeigersinn und im Spiegel der Gegenrichtung.

Ein Spiegel vertauscht Uhrzeigersinn und Gegenrichtung. Diese überraschend raffinierte Regel ist die einzige, die sich immer anwenden läßt, egal welche Position Spiegel und Betrachter einnehmen.

## Galileis Bewerbung

Unsere Geschichte könnte auch heißen: Wie man sich Protektion durch Untertänigkeit verschafft, oder wie ein Wissenschaftler des 17. Jahrhunderts seinen Lebensunterhalt verdiente.

Gar zu gerne hätte Galileo Galilei eine Stellung am Hofe der Medicis in Florenz gehabt, zu denen viele berühmte Mäzene gehörten. 1607 kam ihm zu Ohren, Prinz Cosimo von Medici interessiere sich für Magnetismus. Daraufhin sandte Galilei ihm ein Geschenk, das untertänig und lehrreich zugleich war: einen Magnetstein, also einen natürlichen Magneten, auf einem hübschen Sockel mit der lateinischen Inschrift *vim facit amor:* »Liebe erzeugt Kraft«. Die Kraft des Magnetsteins demonstrierten zwei kleine eiserne Anker, die an den Polen klebten – Anker, die venezianische Künstler unter Galileis Aufsicht hergestellt hatten.

Einmal fertiggestellt war Galilei sehr daran gelegen, diesen Magnetstein dem Medici-Kurier, dessen Adresse er sich verschafft hatte, so rechtzeitig auszuhändigen, daß er noch mit der letzten Sonntagabendsendung von Venedig nach Florenz abging. Aus seinen eigenen Briefen gewinnen wir ein ganz anderes Bild von dem großen Astronomen, als es die feierlichen Porträts in den Museen vermitteln: Auf der Suche nach dem Kurier der Medicis irrt er da an einem verregneten Sonntagabend mit einem griesgrämigen Gondoliere auf Venedigs Kanälen von Tür zu Tür.

Schließlich gelangte der Magnetstein doch noch nach Florenz, und Galileo erhielt seine Anstellung, weniger wegen des Magnetsteins als wegen des Namens, den er den vier großen Monden des Jupiter gegeben hatte: Mediceische Sterne. Allerdings hielt sich der Name nicht. Dafür nennt man die Jupitermonde im Englischen heute noch *Galilean satellites.*

## Klein, aber oho

Geben Sie einen Teelöffel Kristallzucker in ein Glas Wasser und rühren Sie um. Der Zucker löst sich in ein paar Sekunden auf. Wiederholen Sie jetzt den Vorgang mit einem Stück sehr hartem Kandiszucker: Nach zwei oder drei Minuten hat sich das Kandisstück noch immer nicht aufgelöst. In beiden Fällen haben wir es mit der gleichen Zuckermenge zu tun. Der Unterschied besteht darin, daß die Körnchen des Kristallzuckers durch ihre geringe Größe bessere Voraussetzungen für die Wechselwirkung von Zucker und Wasser bieten.

Zur Auflösung kommt es nur, wenn Wasser mit Zucker zusammentrifft. Je mehr Quadratzentimeter Zucker dem Wasser ausgesetzt werden, desto schneller löst sich der Zucker auf. Grundsätzlich haben Tausende von kleinen Kristallkörnchen eine größere Oberfläche als ein großer Klumpen von gleichem Volumen. Es ist verblüffend, wieviel Oberfläche man erhält, wenn man ein Kandisstück zu feinem Pulver zerstößt. Ein Kubikzentimeter beliebigen Materials bekommt, wenn man ihn in winzige Teile von hunderttausendstel Zentimeter zerlegt, eine Oberfläche von mehreren hundert Quadratmetern.

Die Konsequenzen sind vielfältig – zum Beispiel für die Biologie. Große Lebewesen bestehen aus vielen winzigen Zellen. Unablässig muß jede Zelle ihr inneres Gleichgewicht aus Wasser, Nährstoffen und Abfallprodukten regeln, um ihre Funktionen aufrechtzuerhalten. Durch die Zelloberfläche treten diese Stoffe ein und aus. Je mehr Quadratzentimeter die Zelloberfläche eines Organismus aufweist, desto rascher kann dieser seinen chemischen Haushalt wechselnden Gegebenheiten anpassen. Deshalb ist es von Vorteil, wenn ein Organismus aus vielen kleinen Zellen besteht.

# Ozon und Eis

Ozon ist ein natürlicher Bestandteil der oberen Erdatmosphäre. Ein Ozonmolekül besteht aus drei gebundenen Sauerstoffatomen; ein Molekül des Sauerstoffs, den wir einatmen, besteht aus zwei Atomen. Das ist ein großer Unterschied. Das Drei-Sauerstoff-Molekül schützt vor den ultravioletten Strahlen der Sonne, die das Leben auf der Erde zerstören würden, wenn sie den Boden in großen Mengen erreichen würden.

In den letzten zwanzig Jahren hat sich das Ozon in den oberen Schichten der Atmosphäre, vor allem über der Antarktis, auf beunruhigende Weise verringert. Schuld ist offenbar das Chlor aus den Fluorchlorkohlenwasserstoffen, künstlich hergestellten chemischen Stoffen, die früher als Treibmittel in Sprühdosen enthalten waren und heute noch für Klimaanlagen und Schaumstoff verwendet werden. Das Chlor zerstört das Ozon, weil es eines der drei Wasserstoffatome aus dem Molekül herauslöst.

Einst dachte man, es gebe einen natürlichen Prozeß, der das Ozon vor solchen Chlorattacken schützen könnte. Dabei wird das schädliche Chlor in chemischen Reaktionen mit natürlichen Verbindungen eingefangen, die Stickstoff enthalten. Doch an diesem Prozeß ist noch ein weiterer Faktor beteiligt: Eiskristalle in Wolken von großer Höhe, die sich in der langen kalten Polarnacht der Antarktis bilden. Offenbar binden diese Kristalle die nützlichen Stickstoffverbindungen an sich.

Wie bereits festgestellt: Das Chlor der Fluorchlorkohlenwasserstoffe zerstört das Ozon. Natürliche Stickstoffverbindungen können diese Zerstörung verhindern, allerdings nicht, wenn die Verbindungen in Eiswolken geraten. Und das ist vielleicht nur ein Teil des Geschehens. Eine Wolke aus winzigen Eiskristallen hat eine riesige Oberfläche, an der eine Vielzahl unbekannter chemischer Reaktionen stattfinden können. Chemische Vorgänge an der Oberfläche eines Festkörperteilchens laufen anders ab als im Reagenzglas, und wir wissen nur wenig über die realen Vorgänge. Weit mehr müssen wir also noch über die Chemie von Eiswolken in Erfahrung bringen.

# Die Überraschung in Benjamin Franklins Madeira-Wein

Abgesehen davon, daß Benjamin Franklin die elektrische Natur von Blitzen entdeckte und zu den Vätern der amerikanischen Verfassung gehörte, dachte er auch über die Grenze zwischen Leben und Tod nach. Sie war damals kein geringeres Geheimnis als heute.

Eines Tages war Franklin bei Freunden in London zum Essen eingeladen und brachte ihnen eine Flasche Madeira aus Virginia mit. Bei Tisch wurde die Flasche geöffnet und, so berichtet Franklin, »drei ertrunkene Fliegen stürzten in das erste Glas, das ich einschenkte.«

Franklin teilt uns nicht mit, wie seine Freunde reagierten – vielleicht war es damals an der Tagesordnung, ertrunkene Fliegen in seinem Getränk vorzufinden. Doch Franklin sah darin eine günstige Gelegenheit, eine Idee auszuprobieren, von der er gehört hatte: Es hieß, tote Fliegen könnten durch Sonnenlicht wieder zum Leben erweckt werden.

Mit einem Sieb fischte er die Fliegen aus dem Glas und legte sie in die Sonne. Nach drei Stunden, so Franklin, erwachten zwei der drei Fliegen wieder zum Leben und flogen fort. Sie kamen »im alten England zu sich«, schrieb Franklin, »ohne zu wissen, wie sie dorthin gelangt waren.«

»Wie schön wäre es«, so fährt er fort, »könnte man gemäß diesem Beispiel eine Methode entwickeln, um Ertrunkene einzubalsamieren und sie jederzeit, auch in ferner Zukunft, wieder zum Leben zu erwecken. Da ich mir nichts sehnlicher wünsche, als Amerika zu sehen, wie es in hundert Jahren sein wird, würde ich jedem gewöhnlichen Tode vorziehen, mit ein paar Freunden bis zu jenen Tagen in ein Faß Madeira gelegt zu werden, um dann von der warmen Sonne meines geliebten Vaterlandes wieder zum Leben erweckt zu werden!«

1773 hat Benjamin Franklin das geschrieben. Was mit diesen Fliegen war, wissen wir nicht genau, doch auf jeden Fall ist zu bewundern, wie Franklin phantasievolle Science-fiction-Ideen des 20. Jahrhunderts vorweggenommen hat.

Über die Funktion von Viren haben Biologen vieles in Erfahrung gebracht, indem sie Viren beobachteten, die sich vor allem gegen Bakterien wenden.

Ein besonders bekanntes Virus, das Bakterien angreift, nennen die Biologen T2. Wie die meisten Viren ist T2 einfach. Es besitzt einen DNS-Strang – das Molekül, das die Erbinformation trägt –, der von einer Proteinhülle umgeben ist. Das Ganze sieht wie eine gewölbte, hohle Muschel aus, bei der an einer Seite ein Schlauch herausragt. Wenn ein T2-Virus eine Bakterienzelle angreift, dann benutzt sie den Schlauch, um die Oberfläche der Zelle zu durchstechen und ihr die eigene DNS zu injizieren.

Einmal ins Innere der Bakterienzelle gelangt, übernimmt die DNS des Virus die Kontrolle über alle chemischen Prozesse der Zelle. Die Rohstoffe in der Zelle werden nicht mehr zum Nutzen des Bakteriums verwendet, sondern zur Herstellung neuer Viren zweckentfremdet. Etwa zwanzig Minuten nach dem ersten Virusangriff platzt die zerstörte Bakterienzelle auf und setzt an die hundert nagelneue T2-Viren frei.

Nicht alle Viren gehen auf gleiche Weise wie das T2-Virus vor. Manche verbringen lange Zeit in einer Zelle und tun gar nichts – die sogenannte Inkubationszeit –, bis der Vervielfältigungsprozeß durch ein äußeres Ereignis ausgelöst wird. Das gilt auch für ein verwandtes Virus, das keine Bakterien, sondern Menschen angreift. Das Herpes-simplex-Virus, das Lippen- oder Gesichtsherpes beim Menschen auslöst, hat eine Inkubationszeit von Wochen oder gar Monaten.

Verschiedene Viren greifen verschiedene Zellen an und brauchen dafür verschieden lange. Doch kein Virus kann sich selbst reproduzieren, außer es bemächtigt sich einer lebenden Zelle und nutzt die vorhandenen Stoffe für eigene Zwecke.

## Geburt des atomaren Zeitalters

1895 waren die Physiker in heller Aufregung über eine unlängst gemachte Entdeckung: die Röntgenstrahlen. In Paris fragte sich Henri Becquerel, ob Röntgenstrahlen von bestimmten Stoffen abgegeben werden, wenn man sie dem Sonnenlicht aussetzt.

Mit uranhaltigen Salzkristallen führte Becquerel ein Experiment durch. Er wickelte eine fotografische Platte in schwarzes Papier, streute ein paar Körnchen Uransalz darauf, ließ diese Versuchsanordnung einen ganzen Tag in der Sonne liegen und entwikkelte dann die Platte. Auf dem Fotomaterial tauchte das Bild der Uransalzkörner auf. Vorsichtig zog Becquerel daraus den Schluß, daß Uransalz, wenn man es dem Sonnenlicht aussetzt, Strahlen abgibt, die stark genug sind, um schwarzes Papier zu durchdringen.

Eines Tages ging Becquerel erneut mit einer in schwarzes Papier gewickelten und mit Uransalz bestreuten fotografischen Platte nach draußen, um sie ein weiteres Mal in die Sonne zu legen. Doch es war ziemlich bewölkt, und so nahm er die Platte wieder mit hinein und verwahrte sie in einer Schublade.

Trotzdem entwickelte Becquerel die Platte ein paar Tage später. Überrascht stellte er fest, daß das Bild ebenso deutlich war wie auf den Platten, die in der Sonne gelegen hatten. Auch ohne Einwirkung von Sonnenstrahlen hatte das Uransalz Strahlen abgegeben, die durch das schwarze Papier gedrungen waren! Zwar hatte die Physik des 19. Jahrhunderts keine Erklärung dafür, aber Becquerel hatte eine neue Eigenschaft der Materie entdeckt: die Radioaktivität.

1903, in seiner Nobelpreisrede nahm er das gesamte Zeitalter der Atomenergie voraus, als er die Vermutung äußerte, daß »die Energie-Emission erfolgt, weil sich die Atome der radioaktiven Stoffe langsam verändern. Solche Umwandlung … könnte sicherlich genügend Energie freisetzen, um die beobachteten Effekte hervorzurufen, ohne daß die Veränderung der Materie groß genug wäre, um mit unseren Beobachtungsmethoden entdeckt werden zu können.«

# Aufrichtige Antworten auf persönliche Fragen

Ein Fremder klopft an Ihre Tür und erklärt, er mache eine Umfrage über Steuerehrlichkeit. Ob Sie jemals bei Ihren Steuererklärungen geschummelt hätten, möchte er wissen.

Gehen wir – nur für unser Beispiel, natürlich – von der Annahme aus, Sie hätten es schon mal getan. Vermutlich würden Sie es verschweigen, vor allem wenn Sie vermuteten, der Mann käme in Wirklichkeit vom Finanzamt.

Aber nehmen wir an, die Geschichte mit der Umfrage stimmt, und das Institut interessiert sich nicht für Ihre Steuern im besonderen; es will nur wissen, wieviel Prozent der Leute bei den Steuern schummeln. Als verantwortungsbewußter Staatsbürger halten Sie die Umfrage zwar für sinnvoll, möchten sich aber nicht in die Karten gucken lassen.

Eine mögliche Lösung könnte wie folgt aussehen: der Interviewer gibt Ihnen eine Drehscheibe, wie sie manche Brettspiele für Kinder haben. Die Scheibe ist in vier gleiche Felder unterteilt. Ein Feld ist mit »ja« markiert, die anderen drei mit »nein«. Der Interviewer fragt Sie: »Haben Sie jemals Steuern hinterzogen? Teilen Sie mir die Antwort nicht mit, sondern drehen Sie die Scheibe so, daß ich sie nicht sehen kann, und teilen Sie mir nur mit, ob das Ergebnis aus Ihrer Sicht richtig oder falsch ist.«

Aus Ihrer Antwort, »richtig« oder »falsch«, kann der Frager nicht ersehen, ob Sie persönlich jemals Ihre Steuererklärung geschönt haben oder nicht. Doch aufgrund Ihrer Antwort – und vieler anderer – kann das Umfrageinstitut den Prozentsatz der Steuerbetrüger errechnen. Wenn zum Beispiel jeder schon einmal seine Erklärungen manipuliert hätte, müßte etwa ein Viertel aller Befragten das Ergebnis auf der Drehscheibe als richtig bezeichnen; wenn andererseits niemand hinterzogen hätte, würden etwa drei Viertel sagen, das Ergebnis auf der Drehscheibe sei richtig.

Mit Drehscheiben und anderen Zufallsgeneratoren kann man ehrliche Antworten auf persönliche Fragen erhalten, ohne die Privatsphäre der Befragten zu verletzen. Randomisierte Erhebungen (Befragungen, die auf solchen Zufallsverfahren beruhen) hat man bereits durchgeführt, um Erkenntnisse über Drogenkonsum, Abtreibung und sogar unsaubere Praktiken im Autohandel zu gewinnen. In Zukunft könnte man diese Befragungsform beispielsweise dazu verwenden, um mehr über den Zusammenhang zwischen Sexualverhalten und AIDS herauszufinden.

# Risikoeinschätzung

Bei der Einführung neuer Technologien oder neuer chemischer Stoffe müssen wir heute oft versuchen, die Risiken abzuschätzen. Die Bewertung der Gefahren erhalten wir von Wissenschaftlern, Ingenieuren oder Ärzten in Form von Statistiken, die mitunter selbst für Fachleute schwer zu verstehen sind.

Die Spezialisten auf dem relativ neuen Gebiet der Risikoeinschätzung machen ein paar Vorschläge zur Beurteilung solcher Statistiken: Wir können die Daten kritisch prüfen. Beruht die Risikoeinschätzung auf historischen Statistiken? Auf Laborversuchen? Sind diese Situationen überhaupt mit der unseren vergleichbar?

Wir können darauf achten, wie das Risiko dargestellt wird. Die Aussage, daß die Wahrscheinlichkeit für den Eintritt einer Katastrophe 0,1 Prozent beträgt, hat einen ganz anderen psychologischen Effekt als die Feststellung, daß mit einer Wahrscheinlichkeit von 99,9 Prozent nichts schiefgehen wird.

Wir können Neues mit Altem, Bekanntes mit Unbekanntem vergleichen: Fliegen mit Autofahren und einen nuklearen Störfall mit einem Dammbruch.

Auch die Risiken zweier Alternativen können wir miteinander vergleichen. Was wir beispielsweise tun, wenn wir die Gefahr, durch Schinken, der mit Natriumnitrit behandelt ist, Krebs zu bekommen, gegen das Risiko abwägen, uns durch unbehandelten Schinken eine Lebensmittelvergiftung zu holen.

Für bessere Entscheidungen brauchen wir umfassende Informationen, die möglichst vielseitig präsentiert werden müssen. Dabei kann der Vergleich zwischen Bekanntem und Unbekanntem besonders hilfreich sein. Das ist die Aufgabe von Wissenschaftlern. Wenn die Wissenschaft ihre Arbeit getan hat, beginnt die gesellschaftliche Aufgabe. Als Staatsbürger sind wir gehalten, die Gefahren an unseren eigenen Wertvorstellungen zu messen. Gelegentlich müssen wir uns dabei um einen Ausgleich zwischen den Interessen des einzelnen und den Interessen der Gesellschaft bemühen. Dann müssen wir beurteilen, entscheiden, handeln und mit den Konsequenzen leben.

# Gebrochene Symmetrie – kosmetisch oder kosmisch?

Spiegel stellen merkwürdige Dinge mit der Wirklichkeit an: Uhren gehen rückwärts und Schriften verkehren sich (siehe »Ein Spiegelrätsel«).

Doch natürliche Prozesse, an denen keine Einflüsse lebender Organismen beteiligt sind, bieten auch im Spiegel ein vollkommen stimmiges Bild. Betrachtet man den Badezimmerwasserhahn im Spiegel, so sieht man das Wasser nach unten und nicht etwa in den Himmel abfließen. Man kann nicht unterscheiden, ob man die Wirklichkeit oder ihr Spiegelbild sieht, wenn der Spiegel nicht schmutzig ist. Im Spiegel werden keine Gesetze der Physik gebrochen – von einigen verstiegenen physikalischen Experimenten der letzten dreißig Jahre abgesehen, mit Teilchen, die kleiner als Atomkerne sind, sogenannten neutralen K-Mesonen.

In Teilchenbeschleunigern verwandeln sich die neutralen K-Mesonen in andere Teilchen und fliegen in vorhersagbare Richtungen davon. Wenn Sie als Physiker mit neutralen K-Mesonen vertraut sind, dann können Sie an den Richtungen, in die diese Teilchen fliegen, erkennen, ob Sie die Wirklichkeit betrachten oder ihr Spiegelbild. Alles andere mag vollkommen stimmig aussehen, doch das Verhalten der neutralen K-Mesonen wird im Spiegel ein falsches Bild ergeben.

Darin liegt ein Geheimnis. Welche Kraft oder welcher Prozeß verursacht diese winzige Ausnahme von der Regel, daß Natur und Spiegelbild ununterscheidbar sind? Physiker vermuten mittlerweile, daß dieser Symmetriefehler der Natur möglicherweise nicht nur von kosmetischer, sondern auch von kosmischer Art sein könnte.

# Antimaterie

Antimaterie ist nicht nur der Stoff, aus dem die Science-fiction ist, sie ist auch ganz real. Antimaterie besteht aus Teilchen, die in gewisser Weise die Materieteilchen ergänzen. Beispielsweise hat das Elektron, ein bekanntes Materieteilchen, eine negative elektrische Ladung. Das ihm entsprechende Antiteilchen, das Positron, besitzt eine positive Ladung. Wenn ein Elektron und ein Positron aufeinandertreffen, annihilieren – vernichten – sie sich gegenseitig. Beide Teilchen verschwinden in einem Lichtblitz – ein spektakulärer Fall der Umwandlung von Materie in Energie. Jedesmal, wenn gleiche Mengen von Materie und Antimaterie aufeinanderstoßen, wiederholt sich dieser Vorgang.

Bei Kernreaktionen in Sternen und im All entstehen Antiteilchen, aber sie treffen schon bald auf Materieteilchen und annihilieren sich. Es ist also unwahrscheinlich, daß Sie jemals Antimaterie zu Gesicht bekommen, auch nicht im Museum.

Auf ein großes Geheimnis der Antimaterie stieß 1930 der Physiker Paul Dirac. Er fand heraus, daß Antimaterie nach allen bekannten Gesetzen der Physik die gleiche Existenzberechtigung besitzt wie Materie. Warum gibt es dann so wenig Antimaterie?

Nach einer Hypothese hat das frühe Universum – vor 15 oder 20 Milliarden Jahren – fast zu gleichen Teilen aus Antimaterie und Materie bestanden. Doch aus irgendwelchen Gründen gab es etwas mehr Materie – etwa einen milliardstel Teil mehr. Den größten Teil beseitigte die Annihilation. Doch eine kleine Menge Materie blieb übrig und wurde unser Universum.

Ganz gleich, welche Kraft oder welcher Prozeß die Symmetrie im frühen Universum auch aufgehoben hat, sie oder er könnte noch heute wirken und für das unerwartete Verhalten von subatomaren Teilchen wie den K-Mesonen verantwortlich sein (siehe »Gebrochene Symmetrie«).

Vielleicht finden sich in den winzigen Teilchen, die heute existieren, Hinweise auf die ferne Vergangenheit des gesamten Universums.

## Das Geheimnis klarer Eiswürfel

Das Problem: Trübe Eiswürfel mit häßlichen Blasen in der Mitte, auch bei klarem Wasser und sauberem Eiswürfelbehälter.

Die Lösung: Nehmen Sie heißes Wasser statt kaltes.

Der Grund: Heißes Wasser enthält weniger gelöste Luft als kaltes Wasser. Die Blasen in der Mitte des Eiswürfels bilden sich aus der im Wasser gelösten Luft.

In der Mitte entstehen die Blasen, weil Eiswürfel von außen zu frieren beginnen. Zuerst werden die Außenflächen des Würfels zu Eis, während der Kern flüssig bleibt. Wenn der Würfel weiter gefriert, wird die gelöste Luft in den flüssigen Kern abgedrängt. Bei diesen Temperaturen kann die Luft jedoch nicht gefrieren, deshalb wird sie vom Wasser abgegeben, wenn auch der Kern des Würfels zu Eis erstarrt. Es bilden sich Blasen. Heißes Wasser enthält von Anfang an weniger gelöste Luft, also bilden sich beim Gefrieren auch weniger Blasen.

Wenn Sie zweifeln, ob heißes Wasser tatsächlich weniger gelöste Luft enthält als kaltes Wasser, dann denken Sie an einen Topf Wasser auf Ihrem Herd. Lange bevor das Wasser so heiß ist, daß es kocht, bilden sich am Boden des Topfes winzige Blasen. Sie formen sich aus der gelösten Luft, die das Wasser beim Erwärmen abgibt. Das gleiche geschieht in Ihrem Warmwasserbereiter.

Oder denken Sie an ein Aquarium: Wenn das Wasser zu warm ist, sterben die Fische – was zum Teil daran liegt, daß das Wasser dann zu wenig Sauerstoff enthält.

Kommen wir noch einmal auf unsere Eiswürfel zurück: Wenn das Wasser einen Teil der gelösten Luft beim Erwärmen abgibt, bleibt weniger Luft zur Blasenbildung im Eisschrank übrig. Folglich liegt das ganze Geheimnis klarer Eiswürfel darin, daß Sie heißes Wasser nehmen müssen.

## Zerbrochene Tassen und Atome

Man kann die Teile einer zerbrochenen Kaffeetasse zusammensuchen und versuchen, sie wieder zusammenzufügen, doch sie werden nicht halten. Und wenn sie noch so gut passen, es wird nicht gut genug sein. »Gut genug« heißt in diesem Fall, die Teile so eng aneinanderzufügen, daß die Atome miteinander in Wechselwirkung stehen können. Übertrifft die Entfernung zwischen den Atomen ihren Durchmesser um ein Mehrfaches, wirken sie nicht mehr aufeinander – dann verhalten sie sich weitgehend neutral. Das hat mit der inneren Struktur von Atomen zu tun, die erst bei sehr kleinen Abständen offenbar wird. Jedes Atom hat einen Kern mit einer positiven elektrischen Ladung, der von Elektronen mit negativer elektrischer Ladung umgeben ist. Elektrische Gegensätze ziehen sich an, also auch Atomkerne und Elektronen.

Aus der Ferne betrachtet, zeigt ein Atom jedoch keine Anzeichen für eine positive oder negative Ladung. Aus der Ferne betrachtet, heben sich die elektrischen Effekte von Kern und Elektronen auf. Nur bei sehr geringen Abständen – weniger als ein paarmal der Durchmesser eines Atoms – haben Kern und Elektronen erkennbare elektrische Wirkungen. Entsprechend läßt ein rot-weiß-kariertes Tischtuch, aus einer Entfernung von einem halben Kilometer betrachtet, kein Anzeichen für rote Quadrate erkennen – es sieht rosa aus. Nur aus der Nähe betrachtet kann man die roten und die weißen Quadrate unterscheiden.

Wenn zwei Atome eng genug zusammengebracht werden – in einen Abstand von ungefähr einem zehnmillionstel Zentimeter –, kann der Kern des einen Atoms die Elektronen des anderen anziehen. Die Atome wirken aufeinander, eine Bindung entsteht.

Wenn eine Kaffeetasse kaputtgeht, werden die Atome auseinandergerissen, so daß ihre Beziehung nicht mehr in Wechselwirkung und Bindung besteht, sondern in Indifferenz. Die innere Struktur eines Atoms auf der einen Seite wird für ein Atom auf der anderen Seite nicht mehr offenbar. Wenn Sie die einzelnen Teile der Kaffeetasse wieder zusammenfügen wollen, müssen Sie die Lücken mit etwas füllen, das den Atomen auf beiden Seiten nahe genug kommt, um mit ihnen in Wechselwirkung zu treten: Klebstoff.

## Geheimtür-Code

Sie machen eine Reise und Sie bringen alles, was Sie brauchen, in einem einzigen Koffer unter. Geschickt packen Sie alles so ein, daß es gerade hineingeht. Am ersten Abend Ihrer Reise packen Sie alles aus. Doch am nächsten Morgen können Sie sich nicht daran erinnern, wie Sie das ganze Zeug in Ihren Koffer bekommen haben. Das Auspacken war leicht; alles wieder einzupacken ist schwer, denn Sie müssen sich die ideale Anordnung der Sachen wieder in Erinnerung rufen, wenn Sie sie in den Koffer kriegen wollen.

Ähnlich funktionieren die neuen Methoden, mit denen Mathematiker Nachrichten verwandeln. Mit diesen mathematischen Verfahren läßt sich eine geheime Nachricht sehr leicht in einen Code verwandeln. Doch es ist fast unmöglich, aus der codierten Nachricht wieder eine lesbare Botschaft zu machen, solange man das Geheimnis des Decodierprogramms nicht kennt.

Nach den nur von einer Seite erkennbaren Geheimtüren in Kriminalgeschichten und Horrorfilmen bezeichnet man solche Codes als Geheimtür-Codes *(trapdoor codes)*. Von der einen Seite kann man leicht durch die Geheimtür gehen, während es von der anderen Seite unmöglich ist, wenn man nicht weiß, wo sich der Geheimknopf befindet.

Neu an den Geheimtür-Codes ist der Umstand, daß man einen Schlüssel braucht, um die Botschaft in den Code umzuwandeln, und einen anderen Schlüssel, um die Botschaft zu entschlüsseln. Der Code ist auch dann absolut sicher, wenn jemand den Schlüssel zur Codierung der Nachricht kennt – denn damit läßt sich die Nachricht nicht decodieren.

Es ist einfach, eine Nachricht mit dem Geheimtür-Code zu übermitteln, so einfach, wie den Koffer auszupacken. Schwer dagegen ist es, die Nachricht zu lesen, so schwer, wie den Koffer wieder einzupacken.

Geheimtür-Codes werden bereits von einigen Banken verwendet. Nehmen wir an, Sie möchten eine elektronische Nachricht, die vertraulich ist, an eine Bank schicken, die Sie nicht kennt. Sie setzen die Nachricht in den Code der Bank und benutzen dabei einen Schlüssel, den die Bank in einem Telefonbuch veröffentlicht hat.

Doch nur die Bank besitzt den Decodier-Schlüssel, folglich kann nur die Bank Ihre Nachricht lesen. Außerdem können Sie mit Ihrem persönlichen Decodier-Schlüssel eine Signatur in der Nachricht unterbringen, die beweist, daß die Nachricht von Ihnen stammt.

## Late-Night Radio

Warum sind AM-Radiosender (amplitudenmodulierte Sender) nachts besser zu empfangen?

Alles beginnt in der verdünnten Atmosphäre hoch über unseren Köpfen, wo das ultraviolette Licht und die Röntgenstrahlen der Sonne Atome »abreichern«, das heißt, ihnen Elektronen abstreifen. Das Ergebnis ist ein Gas, das teils aus Elektronen und teils aus Atomen besteht, denen Elektronen abgestreift worden sind. Die abgereicherten Atome kennt man als Ionen, und der Teil der Atmosphäre, in dem die Sonne Ionen produziert, heißt Ionosphäre.

Wenn Radiowellen auf die Ionosphäre treffen, passieren interessante Dinge; Ionen und Elektronen haben elektrische Ladungen, die vielfältig auf die Radiowellen einwirken.

Eine Radiowelle mit der richtigen Frequenz, die von der Erdoberfläche kommt, wird in einer Höhe von drei- bis vierhundert Kilometern von den oberen Schichten der Ionosphäre zurückgelenkt. Die höhere Ionosphäre wirkt wie ein Spiegel, sie reflektiert die Radiowellen entlang der Erdkrümmung zu fernen Empfängern. Deshalb können Sie sich die Übertragung eines Baseballspiels anhören, die eine Radiostation in einer Entfernung von vielen hundert Kilometern sendet.

Doch warum empfängt man nachts weit entfernte AM-Sender am besten?

Das liegt daran, daß Radiowellen tagsüber keine Möglichkeit haben, die reflektierenden Schichten der Ionosphäre zu erreichen. In einer Höhe von etwa achtzig Kilometern werden die Wellen von einer Schicht abgefangen, die nur am Tage existiert. Solange die Sonne am Himmel steht, hält diese niedrige Schicht die AM-Radiosignale davon ab, in die höhere Ionosphäre zu gelangen. Allerdings ist die niedrige Ionosphärenschicht auf längere Sonneneinstrahlung angewiesen. Sobald die Sonne untergeht, vereinigen sich die Ionen und Elektronen dieser tiefer gelegenen Schicht wieder zu gewöhnlicher Luft. Das Hindernis verschwindet, und die Radiowellen gelangen ungehindert in die höhere Atmosphäre, Hunderte von Kilometern hoch oben im nächtlichen Himmel.

# Scheut die Natur das Vakuum?

Scheut die Natur das Vakuum tatsächlich?

Der *horror vacui* galt einstmals als wissenschaftliches Prinzip. Doch dann kam im 17. Jahrhundert der italienische Physiker Evangelista Torricelli. In seinem berühmtesten Experiment bat Torricelli geschickte Glasbläser, eine lange Glasröhre herzustellen, die an einem Ende geschlossen war – praktisch ein Reagenzglas von gut einem Meter Länge. Er füllte die Röhre mit Quecksilber, legte einen Finger auf das offene Ende, drehte das Röhrchen um, tauchte das offene Ende in eine Schüssel mit Quecksilber und nahm seinen Finger heraus. Das Quecksilber im Röhrchen rann nicht vollständig heraus, sondern fiel auf eine Höhe von 75 cm und blieb dort stehen. Zwischen dem versiegelten Ende der Glasröhre und der Quecksilberoberfläche im Röhrchen war ein leerer Raum entstanden – ein Vakuum.

Nach der bislang geltenden Theorie war es das Vakuum, welches das Quecksilber anzog und im Röhrchen hielt. Torricelli überprüfte diese Theorie, indem er sein Experiment mit einer anderen Glasröhre wiederholte, an deren versiegeltem Ende sich eine große Auswölbung befand. Obwohl das Vakuum im oberen Teil dieses Röhrchens größer war, fiel das Quecksilber auf die gleiche Höhe wie zuvor. Torricelli schloß daraus, daß nicht das Vakuum im Röhrchen das Quecksilber nach oben zog, sondern daß statt dessen das Gewicht der Atmosphäre das Quecksilber hochdrückte – weil es auf dem Quecksilber in der Schüssel lastete.

Heute bezeichnen wir Torricellis Erfindung als Quecksilberbarometer. Atmosphärischer Druck wird noch immer in Quecksilber-Millimetern ausgedrückt.

Nach dem gleichen Prinzip könnte man auch ein Wasserbarometer bauen. Doch da Wasser nicht so dicht ist wie Quecksilber, würde der atmosphärische Druck das Wasser höher drücken – bis zu zehn Metern hoch.

## Wie gelangt Wasser bis in die Baumwipfel?

Nachdem das Wasser durch die Wurzeln in den Baum gelangt ist, steigt es in seinen Gefäßen bis in die Blätter der Spitze. Manche Bäume sind bis zu einhundert Meter hoch. Wie kann das Wasser diese hundert Meter aufsteigen? Nach einer unter Botanikern weithin akzeptierten Erklärung sorgt die Verdunstung an den Blättern für das Zustandekommen dieses Prozesses.

Wenn ein Wassermolekül aus einem Blattnerv verdunstet, zieht dieses Molekül eine Reihe anderer Wassermoleküle hinter sich her, die im Blattnerv hinter ihm aufgereiht sind. Diese wiederum ziehen andere Moleküle hinter sich her, ein Vorgang, der sich durch sämtliche Zweige und Äste, durch den Stamm bis hinab zum Boden erstreckt, wo die Wurzeln das Wasser aufnehmen. Es ist, als ob eine ununterbrochene Kette von Wasser durch den ganzen Baum reiche, die durch die Verdunstung bis in die Spitze gezogen würde.

Die Vorstellung, daß Wasser wie eine Perlenkette emporgezogen werden kann, mutet sonderbar an. Doch es ist möglich, weil das Wasser in luftdichten Röhren eingeschlossen ist, in den Gefäßen oder Tracheen des Baums. Die Kette kann folglich nie zerreißen, denn die Wassermoleküle üben eine starke Anziehung aufeinander aus.

Die gleiche Anziehungskraft können wir beobachten, wenn wir Wasser auf einem Küchentisch verschütten. Das Wasser schließt sich zu Tropfen zusammen, statt sich einfach zu verstreuen und zu verschwinden.

So zieht die Verdunstung an den Blättern durch die Anziehungskraft, die die Wassermoleküle aufeinander ausüben, das Wasser bis in die Wipfel der Bäume. Und dadurch wiederum wird frisches Wasser – nebst Nährstoffen – durch die Wurzeln aufgesogen. Das Wasser gelangt in die Spitze des Baumes, weil es durch die Verdunstung nach oben gezogen wird.

# Farbenmathematik

Rot, Blau und Grün ergeben Weiß, wenn man Licht vermischt, und Schwarz, wenn man Farbstoffe vermengt. Das Mischen von farbigem Licht und von Farbstoffen sind zwei verschiedene Prozesse.

Die Vermengung von farbigem Licht können Sie beim Farbfernsehen beobachten. Alle Farben des Bildes, die wir aus der Ferne wahrnehmen, werden durch leuchtende Punkte aus rotem, grünem und blauem Licht zusammengesetzt. Diese Punkte erstrahlen auf dem Bildschirm in unterschiedlicher Intensität und erzeugen so verschiedene Farben. Wenn nur die roten Punkte leuchten, ist das Fernsehbild rot. Wenn die roten und die grünen Punkte strahlen, wird das Bild gelb, weil rotes Licht und grünes Licht zusammen gelbes Licht ergeben. Leuchten alle Punkte mit gleicher Intensität, so erscheint das Bild weiß. Andere Farben werden durch Mischung der drei Grundfarben in unterschiedlichen Anteilen erzeugt.

Dagegen erzeugen Farbstoffe kein Licht. Im Gegenteil, sie absorbieren Licht. Nehmen Sie zum Beispiel ein rotes Auto, das in der Sonne parkt. Das Sonnenlicht enthält bereits alle Farben des Regenbogens. Alle nicht-roten Farben absorbiert die rote Farbe des Autos. Mit anderen Worten, der rote Farbstoff entzieht dem weißen Licht fast jede Farbe, so daß es fast schwarz erscheint.

Wenn man Farbstoffe mischt, subtrahiert man Farben. Mischt man dagegen Licht, dann addiert man Farben. Folglich müssen Sie auf Addition und Subtraktion zurückgreifen, um zu erraten, welche Farbe eine hellblaue Wand annimmt, wenn ein gelb-orangefarbener Lichtkegel auf sie fällt.

## Was könnte das Weltklima verändern?

Was könnte das Weltklima verändern? Die Zahl der theoretischen Möglichkeiten ist fast unbegrenzt. Betrachten wir zum Beispiel einen natürlichen Klimazyklus, der dafür sorgt, daß die Kälteperioden eines geologischen Zeitalters noch kälter werden. Der Schlüssel zu dieser Theorie ist die Existenz eines Kontinents an einem der Erdpole – der Antarktis am Südpol.

Auf einem Kontinent kann Schnee liegenbleiben, auf dem Meer nicht. Ein Kontinent, der wie die Antarktis an einem Pol liegt, kann kalt genug bleiben, um den Winterschnee über den Sommer zu retten. Ein schneebedeckter Kontinent ist weiß; er reflektiert große Teile des Sonnenlichts ins All zurück. In der Regel wird ein weißer Kontinent das Klima abkühlen, weil er Sonnenlicht reflektiert (statt es zu absorbieren).

Ein kühleres Klima sorgt für noch mehr Schnee, der sich auf dem Polkontinent – der Antarktis – sammelt und schließlich eine Eisdecke bildet, die über die Grenzen des Kontinents hinausreichen kann. Durch die wachsende Eisdecke entsteht auf der Erdoberfläche eine größere weiße Fläche, die größere Mengen des Sonnenlichts reflektiert. Infolgedessen kühlt sich das Klima weiter ab, es fällt noch mehr Schnee – und so setzt sich der Zyklus fort.

Der Kreislauf erscheint einleuchtend. Doch findet er auch tatsächlich statt? Ist er von Bedeutung? Niemand weiß das genau.

Der beschriebene Zyklus würde kleine Klimaveränderungen verstärken – eine Kälteperiode noch kälter machen. Ein schneeweißer Kontinent kühlt das Klima durch die Reflexion von Sonnenlicht ab. Doch da unser Planet nicht vollständig mit Eis bedeckt ist, dürfte dies nicht der einzige Prozeß sein, der unser Klima beeinflußt.

Es gibt andere einleuchtende Zyklen, die solchen kleinen Schwankungen entgegenwirken und dergestalt für ein gleichmäßiges Klima sorgen.

# Polarisiertes Licht und ein stiller See

Schauen Sie auf das Wasser. Was hat der dunkle Fleck im Spiegelbild des Himmels zu bedeuten?

Er ist ein Effekt des polarisierten Lichts. Um ihn zu sehen, brauchen Sie Geduld, Glück, einen klaren Himmel in der Dämmerung und einen stillen See. Die Sonne muß am Horizont stehen und gerade auf- oder untergehen. Das Wasser muß wie Glas und der Himmel klar und blau sein. Ein paar kleine Wolken stören nicht, aber er darf nicht verschleiert sein.

Stellen Sie sich direkt ans Wasser, die Sonne zu Ihrer Linken oder Rechten – nicht vor oder hinter Ihnen. Betrachten Sie die Wasseroberfläche in etwa einem Meter Entfernung. Fassen Sie das Spiegelbild des blauen Himmels ins Auge. Sie suchen nach einem dunklen Fleck darin, den Sie nicht sehen, wenn Sie direkt in den Himmel schauen. Sollten Sie ihn tatsächlich entdecken, haben Sie hier seine Erklärung: Es handelt sich um ein Polarisationsphänomen, das heißt, der Fleck geht auf eine Eigenschaft des Lichts zurück, die das menschliche Auge normalerweise nicht wahrnimmt.

Man kann sich Licht als Schwingung vorstellen, etwa wie eine Schwingung, die an einem gespannten Seil entlangläuft. Licht, das in eine bestimmte Richtung schwingt, bezeichnet man als polarisiert.

Das blaue Licht des Himmels ist polarisiert. Wenn die Sonne zu Ihrer Rechten oder Ihrer Linken tief am Himmel steht, wie in unserem Beispiel, ist das blaue Himmelslicht unmittelbar vor Ihnen senkrecht polarisiert – die Schwingungen gehen auf und ab.

Doch der See reflektiert das Licht nicht sehr gut. Grundsätzlich fällt es horizontalen Flächen einigermaßen schwer, senkrecht polarisiertes Licht zu reflektieren. Den dunklen Fleck im See, einen Meter entfernt, erblicken Sie, weil der See unter diesem Winkel nicht viel Licht bekommt, das er reflektieren kann.

Der blaue Himmel liefert nur vertikal polarisiertes Licht; der horizontale See kann es nicht reflektieren – das ist der Grund für den geheimnisvollen dunklen Fleck im Spiegelbild des Himmels.

## Sind Waldbrände grundsätzlich von Übel?

In der Natur kann ein Brand auch von Nutzen sein. Einige Wälder und andere Lebensgemeinschaften sind an gelegentliche Brände gewöhnt. Auf den Grasflächen im Mittleren Westen, in den Chaparral- und Goldkieferwäldern im Südwesten und einigen Kieferflächen im Süden der Vereinigten Staaten ist Feuer ein normaler Bestandteil des Lebenszyklus.

Feuer bringt einige Saatarten zum Keimen. Es verwandelt abgestorbene Pflanzen in Asche und setzt dabei Nährstoffe frei, die der nächste Regen löst, so daß sie wieder in den Boden gelangen. Auch Tieren kann Feuer helfen, indem es tote Baumstämme vernichtet und mehr Platz zum Grasen schafft. Nach einem Brand kann neue Saat durch Wind oder Tiere eingeschleppt und damit für eine größere Vielfalt der Vegetation gesorgt werden.

Manche Wälder verjüngt das Feuer. Wenn Sie einen natürlichen Bestand von Tannen oder Kiefern sehen, die alle gleich alt sind, dann können Sie davon ausgehen, daß diese Bäume die Kinder eines Waldbrands sind.

Würde man Waldbrände vollständig verhindern, hätte das durchaus Nachteile. Wenn ein Wald zu lange ohne Feuer wächst, sammelt sich auf dem Boden totes und verwesendes Pflanzenmaterial. Bricht dann ein Waldbrand aus, so ist er heißer und zerstörerischer, als es Brände wären, die häufiger stattfänden.

Das soll jedoch nicht heißen, daß wir im Wald ruhig achtlos mit Feuer hantieren dürfen. Natürliche Brände verteilen sich zufällig. Meist entstehen sie durch Sommergewitter. Wälder und Grasflächen, die an Brände gewöhnt sind, können sich von einem gelegentlichen Brand mittlerer Stärke erholen und sogar davon profitieren. Dagegen finden unnatürliche Brände – Brände von Menschenhand – oft zu Zeiten und an Orten statt, die es dem Wald unmöglich machen, sich zu erholen.

# Das Sauriersterben aus neuer Sicht

Hatten die Dinosaurier der letzten Generation alle das gleiche Geschlecht? So mutmaßt jedenfalls eine neue Theorie über eines der bekanntesten Geheimnisse im Leben unserer Erde: das Aussterben der Dinosaurier vor 65 Millionen Jahren.

Nach dieser Theorie sind die Dinosaurier möglicherweise ausgestorben, weil geringfügige klimatische Temperaturschwankungen dazu geführt haben, daß aus den Eiern nur noch männliche oder weibliche Tiere schlüpften. Auf den Gedanken kam man bei der Beobachtung moderner Reptilien. Über das Geschlecht von Schildkröten, Alligatoren und Krokodilen entscheidet die Temperatur, bei der die Eier ausgebrütet werden. Dabei gibt es nur einen schmalen Temperaturbereich, in dem aus einer Brut Männchen und Weibchen hervorgehen. Liegt die Temperatur darunter, entstehen nur Tiere des einen Geschlechts, liegt sie darüber, so bringen die Eier nur das andere Geschlecht hervor.

Ein schönes Beispiel dafür sind die Mississippi-Alligatoren. Wenn ihre Eier bei einer Temperatur unter 30°C ausgebrütet werden, sind die Kleinen alle weiblich, über 34°C werden sie alle männlich. Für die rechte Mischung in der nächsten Generation sorgen die Mütter, indem sie einige Nester auf wärmeren Dämmen und andere in kühleren Sümpfen anlegen.

Sollten die Dinosaurier einigen ihrer modernen Nachfahren geähnelt haben, dann hätte schon eine geringfügige Klimaveränderung dafür sorgen können, daß eine ganze Generation nur einem einzigen Geschlecht angehörte. Wenn nun aber alle Neugeborenen dem gleichen Geschlecht angehörten, dann war natürlich über kurz oder lang keine Paarung mehr möglich und die ganze Tiergruppe zum Aussterben verurteilt.

# Eine Kaffeetasse zerbricht

Warum ist es so einfach, eine Kaffeetasse zu zerbrechen, die bereits einen Riß hat?

Um eine Tasse zu zerbrechen, müssen die Atome so weit auseinandergezogen werden – vielleicht einen millionstel Zentimeter –, daß sie nicht mehr aneinander gebunden sind.

Entlang des Risses sind die Atome bereits getrennt. Interessant wird es am Ende des Risses – dort wo er in festes Material übergeht. Um den Riß ein bißchen zu verlängern, müssen lediglich ein paar weitere Atome voneinander getrennt werden.

Entscheidend ist dabei die Hebelwirkung.

Die Hebelwirkung ist das Prinzip, das es Ihnen ermöglicht, einen Nagel mit Hilfe einer Brechstange aus hartem Holz zu ziehen. Eine geringe Kraft am Ende einer langen Brechstange wird zu einer enormen Kraft, die an dem Nagel zieht. Die Wirkung der Brechstange besteht darin, daß sie die von Ihnen aufgewendete Kraft vergrößert.

Gewöhnlich zerbricht eine Kaffeetasse, die einen Riß hat, wenn ein kräftiger Schlag oder Druck auf sie ausgeübt wird. Dabei wirken die beiden Ränder des Risses als Hebel, das heißt, sie übertragen die Kraft wie kleine Brechstangen auf die Rißenden und ziehen die Atome auseinander. Wenn der Riß sich in der Tasse ausbreitet, werden diese Hebel länger, so daß sie die Atome mit noch größerer Kraft auseinanderziehen. Je länger der Riß wird, desto leichter fällt es, ihn noch ein bißchen zu verlängern.

Wenn eine Kaffeetasse zerbricht, müssen nicht all die Milliarden und Abermilliarden Atome auf einmal auseinanderreißen – es müssen lediglich ein paar Atome am Ende des Risses auseinandergebracht werden, dann noch ein paar und noch ein paar, bis die Atome die andere Seite der Tasse erreicht haben.

Im wirklichen Leben passiert das im Bruchteil einer Sekunde, wenn die Tasse den Boden berührt. Wie Hochgeschwindigkeits-Fotografien zeigen, wandert ein Riß durch sprödes Material wie Keramik oder Glas mit Tausenden von Stundenkilometern.

Ein Sekundenbruchteil reicht, um eine Kaffeetasse zu zerbrechen.

## Wie sich Bakterien gegen Antibiotika wehren

Nehmen wir eine typische Laborsituation: die Auseinandersetzung zwischen Darmbakterien und dem antibiotischen Wirkstoff Streptomyzin. Darmbakterien sind genauestens bekannt und ein gerngewählter Untersuchungsgegenstand. Im Labor lassen sie sich leicht züchten – eine einfache Nährlösung in einer Glasschale genügt. Das ist auch ein Grund dafür, daß Biologen sie so oft zu ihren Versuchen heranziehen. Außerdem vermehren sie sich rasant: Eine Zelle kann bis zu einer Milliarde Nachkommen pro Tag hervorbringen.

Die meisten Darmbakterien lassen sich leicht abtöten. Eine winzige Dosis des Antibiotikums Streptomyzin reicht aus, um alle Bakterien in einem Schälchen umzubringen – das heißt, alle bis auf eines unter einer Milliarde. Dieses eine Bakterium unterscheidet sich von den Milliarden anderer Bakterien dadurch, daß ihm Streptomyzin nichts anzuhaben vermag. In dieser Bakterienzelle hat eine spontane Veränderung – eine sogenannte Mutation – stattgefunden.

Unter normalen Bedingungen hat eine solche Mutation keinen besonderen Nutzen für die Zelle. Doch wenn sich ihre Umgebung ändert, wird die Mutation zum Vorteil. Die mutierte Zelle kann das Streptomyzin überleben. Wenn sich der Wirkstoff in der Schale befindet, werden alle normalen Bakterien getötet, doch aus dieser einen Bakterienzelle, die zufällig gegen das Mittel resistent ist, entwickelt sich eine neue Kultur.

Die einzelne Bakterienzelle verändert sich während ihrer Lebzeit nicht. Vielmehr paßt sich die gesamte Bakterienpopulation an veränderte Lebensverhältnisse an.

Bakterien können also gegen ein bestimmtes Antibiotikum resistent werden, weil jede neue Generation einige abweichende Individuen hervorbringt – sogenannte Mutanten. Diese sind für die gesamte Bakterienpopulation eine Art Versicherung für die Zukunft. Wenn sich die Lebensbedingungen verändern, wird vielleicht eine der andersartigen Bakterien überleben und für den Fortbestand der Bakterienkultur sorgen.

## Kalter Wind vor einem Gewitter

Ein kalter Windstoß aus der Richtung einer bedrohlichen Gewitterwolke zeigt an, daß sich der Mechanismus, der das Gewitter antreibt, in Gang gesetzt hat. Ein einfaches vereinzeltes Gewitter beginnt mit der heißen Nachmittagssonne, die den Erdboden erhitzt. Die Luft dicht über dem Boden wird warm, feucht und kommt in Bewegung.

Irgendwann löst sich ein Großteil dieser bewegten Luftmassen vom Boden, steigt höher und bildet einen warmen, feuchten Aufwind. In einer Höhe von ein paar hundert oder tausend Metern dehnt sich die warm-feuchte Luft aus. Durch Ausdehnung kühlt Luft ab, etwa wenn sie unter hohem Druck einer Düse entweicht. Daraufhin kondensiert die Feuchtigkeit. Am frühen Nachmittag bildet der Kondensationsprozeß flockige Kumuluswolken. Später am Tag werden daraus drohende Gewitterwolken mit Eiskristallen und winzigen Regentropfen.

Nach einer Weile sind die Regentropfen so groß und schwer geworden, daß sie durch den Aufwind fallen. Sie ziehen kühle Luft aus höheren Schichten mit sich, die in der Wolke einen Abwind erzeugen. Auf dem Weg nach unten verdunsten einige Wassertropfen. Der Luft wird weitere Wärme entzogen, der Abwind noch weiter abgekühlt und verstärkt. Bald ergießt sich kalte Luft aus dem unteren Teil der Wolke und erzeugt einen stürmischen Wind, der dem eigentlichen Sturm vorauseilt. Daran ist zu erkennen, daß irgendwo in der Wolke der Regen zu fallen begonnen hat – weiter oben auch zusammen mit Schnee und Eis. Der Mechanismus des Gewitters ist in Gang gekommen: Warme Luft und Feuchtigkeit steigen auf, kühle Luft und Regen treten den Weg nach unten an.

Irgendwie elektrisiert dieser Mechanismus die Wolke, so daß Blitze entstehen, die wiederum Donner hervorrufen.

Nach fünfzehn oder zwanzig Minuten hat sich der Abwind über den ganzen unteren Teil der Wolke ausgebreitet. Dadurch wird die Zufuhr der feucht-warmen Luft unterbrochen, und der Sturm legt sich.

# Blitze

Wenn ein Blitz in den Boden einschlägt, gibt es einen Eröffnungsakt, auf den dann das Hauptereignis folgt.

Dieser Eröffnungsakt besteht aus einer negativen elektrischen Ladung, die schrittweise aus der Gewitterwolke austritt. Dieser sogenannte »Stufenleader« legt eine Strecke von etwa fünfzig Metern mit einem Sechstel der Lichtgeschwindigkeit zurück. Dann verharrt er eine 50millionstel Sekunde lang, setzt sich wiederum fünfzig Meter in Bewegung, verharrt erneut – und so fort, bis er den Boden erreicht.

Der Stufenleader stellt eine elektrische Verbindung her, einen Weg des geringsten Widerstands zwischen Wolke und Boden. Er schafft die Vorbedingungen für das eigentliche Ereignis, das helle Aufleuchten, das wir als Blitz bezeichnen. Dieser grelle Blitz ist die »Hauptentladung«: eine positive elektrische Ladung, die sich mit etwa 1,6 Millionen Kilometern pro Stunde entlang des Weges, den der Stufenleader gebahnt hat, vom Boden zur Wolke bewegt.

Das ist im Prinzip unser Blitz: ein schwacher Stufenleader, der von oben kommt, dann eine helle Hauptentladung, die sich nach oben bewegt – und das Ganze vollzieht sich in einem winzigen Sekundenbruchteil.

In der Regel wiederholt sich der Kreislauf von Leader und Entladung mehrere Male am gleichen Ort. In weniger als einer Sekunde haben Hochgeschwindigkeitskameras Dutzende einzelner Blitzentladungen auf dem gleichen Weg festgehalten.

Vieles in bezug auf Blitze ist bis heute unbekannt. Wie wird die Gewitterwolke beispielsweise elektrisiert? Wolke und Boden sind wie die Pole eines Zehn-Millionen-Volt-Akkus. Wie wird der Akku geladen? Wahrscheinlich sind Aufwinde, Abwinde, Eiskristalle und Regentropfen dafür verantwortlich – irgendwie. Die Elektrisierung einer Sturmwolke gehört zu den ungelösten Rätseln des Wetters.

## Donner

Was können wir dem Geräusch des Donners entnehmen?

Blitze sind schnell, der Donner ist langsam. Nur einen Sekundenbruchteil braucht die elektrische Entladung des Blitzes, selbst wenn er viele Kilometer lang ist. Dagegen benötigt sein Donner, wie andere Geräusche, gut drei Sekunden für einen Kilometer.

Eine weitere interessante Eigenschaft des Schalls ist ferner, daß er in tieferen Tonlagen weitere Strecken als in höheren Tonlagen zurücklegt, bevor er verstummt.

Diese Kenntnisse reichen aus, um den Donner zu deuten.

Nachdem ein Blitz über den Himmel gezuckt ist, hören Sie zunächst den Donner von dem Teil des Blitzes, der Ihnen am nächsten ist. Der Donner der weiter entfernten Blitzteile wird Sie erst später erreichen. Der Blitz ist ein fast augenblickliches Phänomen, während sich der Donner nach einiger Zeit entfaltet.

Der Donner eines nahen Blitzes enthält noch den größten Teil seiner ursprünglichen Mischung aus hohen und tiefen Tönen. Er gleicht einem Reißen oder Krachen. Vom Donner eines weiter entfernten Blitzes können wir die hohen Tonlagen nicht mehr hören. Es bleibt ein tiefes Grollen – die tieferen Töne und ihr Echo am Boden.

Neben dem Hauptkanal können Blitze auch Verzweigungen aufweisen, wie Äste, die aus einem Baumstamm hervorwachsen. Zuerst erreicht Sie das reißende Geräusch naher Äste, dann das laute Krachen des Hauptkanals und schließlich das tiefe Grollen ferner Äste.

So verrät der Donner etwas über die Form des Blitzes, der ihn verursacht hat. Aus Stereoaufzeichnungen von Donnergeräuschen haben Wissenschaftler die Form von Blitzen rekonstruiert, die hinter Wolken verborgen waren.

Aber passen Sie auf, daß Sie nicht vom Blitz erschlagen werden, wenn Sie dem Donner lauschen. Stellen Sie sich nicht mitten aufs offene Feld, setzen Sie sich nicht unter einen Apfelbaum, bringen Sie Ihr Segelboot rechtzeitig an Land, setzen Sie sich ins Auto oder gehen Sie ins Haus. Überleben Sie dieses Gewitter, damit Sie noch vielen anderen lauschen können.

## Wetterleuchten

Zu den eher rätselhaften Erscheinungen eines warmen Sommerabends gehört der Anblick ferner Blitze, die still am Horizont flackern, während darüber die Sterne leuchten. Gewöhnlich spricht man dann von Wetterleuchten.

Blitze sind leicht über große Entfernungen zu erkennen, besonders wenn sie dünne Wolkendecken in großer Höhe beleuchten, die man viele Kilometer weit sieht. Hingegen ist das Donnergeräusch nur fünfzehn bis zwanzig Kilometer weit zu hören, weil die Luftturbulenzen in der Umgebung eines Gewitters die Schallwellen dämpfen.

Ein weiterer Grund dafür, daß der Donner nicht weit trägt, hat mit Temperaturunterschieden zwischen bodennahen und höheren Luftschichten zu tun. Früh an einem Sommerabend ist die Erde noch warm von der Nachmittagssonne, folglich ist auch die Luft in Bodennähe noch warm. Ein paar hundert oder tausend Meter höher ist die Luft kühler. Dieser Temperaturunterschied lenkt das Donnergeräusch nach oben. Das geschieht folgendermaßen:

Wir können uns eine Schallwelle als eine unsichtbare Mauer aus leicht komprimierter Luft vorstellen, die sich mit Schallgeschwindigkeit bewegt. Geräusche kommen in warmer Luft etwas schneller voran als in kalter Luft. Der Teil der Mauer, der sich in der warmen Luft befindet, ist also etwas schneller als der Teil in der höheren kalten Luftschicht. So ist das untere Ende der unsichtbaren Mauer, die sich in ihrer Vorwärtsbewegung nach hinten lehnt, dem oberen Ende ein kleines Stück voraus.

Die übliche Bezeichnung »Wetterleuchten« kennzeichnet ein wichtiges Merkmal der Situation. Durch eine warme Luftschicht in Bodennähe wird das Donnergeräusch nach oben in den Nachthimmel gelenkt. Infolgedessen kann man die Blitze am Horizont zwar aufleuchten sehen, den Donner aber nicht hören.

## Wie viele Jungen und wie viele Mädchen?

Nehmen Sie an, jemand heiratet und bekommt vier Kinder. Wie viele davon sind Mädchen und wie viele Jungen? Die Möglichkeit von Zwillingsgeburten wollen wir in unserem Beispiel außer acht lassen. Welche Kombination von Jungen und Mädchen ist am wahrscheinlichsten, wenn jedes der vier Kinder die gleichen Aussichten hat, ein Junge oder ein Mädchen zu werden?

Man könnte meinen, die wahrscheinlichste Kombination seien zwei Jungen und zwei Mädchen. Das stimmt aber nicht. Um auf die richtige Antwort zu kommen, brauchen Sie nur alle Kombinationsmöglichkeiten aufzulisten.

Es könnte ein Mädchen kommen, dann ein Junge, dann wieder zwei Mädchen. Oder es kommt ein Junge, dann zwei Mädchen, dann ein Junge. Vier Mädchen und kein Junge, und so weiter. Insgesamt gibt es sechzehn mögliche Kombinationen.

Von diesen sechzehn Kombinationen weisen acht drei Kinder des einen und ein Kind des anderen Geschlechts auf. Nur bei sechs der sechzehn Kombinationen ergeben sich jeweils zwei Kinder von jedem Geschlecht. Folglich ist es für ein Paar mit vier Kindern am wahrscheinlichsten, daß es drei Kinder von gleichem Geschlecht bekommen wird. Wenn jedes Kind die gleiche Möglichkeit hat, männlich oder weiblich zu werden, und wenn es Zwillinge gibt, dann ist diese Kombination wahrscheinlicher als die von zwei Jungen und zwei Mädchen.

Schauen Sie sich Ihre Liste mit den sechzehn Möglichkeiten an, und Sie werden feststellen, daß es nur zwei Fälle gibt, in denen alle vier Kinder entweder Jungen oder Mädchen sind. Mit anderen Worten: Ihre Chancen stehen zwei zu sechzehn oder eins zu acht, daß Sie vier Kinder des gleichen Geschlechts bekommen.

# Moderne Biologie in einem Klostergarten

Was kommt heraus, wenn man eine dreißig Zentimeter hohe Erbsenpflanze, die weiße Blüten hat, mit einer anderthalb Meter hohen Erbsenpflanze kreuzt, die purpurfarbene Blüten hat? Abergläubische Vorstellungen und zweideutige Witze hat es zu diesem Thema reichlich gegeben. Doch Gregor Mendel, einer der bedeutendsten Männer in der Geschichte der Biologie, wollte wissen, was tatsächlich passiert – und dazu kreuzte er reale Erbsenpflanzen miteinander.

Vor mehr als hundert Jahren lebte Mendel in einem Kloster, in dessen Garten er seine Pflanzenexperimente durchführte. Die Vererbung, so vermutete er, vollziehe sich nach bestimmten Regeln. Ihm ging es um die einfachste Form dieser Regeln. Betrachten wir einige Ergebnisse, auf die er in seinen Experimenten stieß:

Wenn man eine dreißig Zentimeter hohe Erbsenpflanze mit einer anderthalb Meter hohen Erbsenpflanze kreuzt, erhält man eine Pflanze, die entweder dreißig Zentimeter oder anderthalb Meter groß ist – aber keine Zwischengröße von einem Meter. Kreuzt man weiße und purpurfarbene Blüten, dann ist das Ergebnis entweder eine weiße oder eine purpurfarbene Blüte – keine lavendelfarbene, jedenfalls nicht bei Erbsenpflanzen.

Weiter entdeckte Mendel, daß man mit Hilfe einer mathematischen Formel voraussagen kann, wie viele Blüten weiß und wie viele purpurfarben werden, falls man die Abstammung der Elternpflanzen kennt.

Tatsächlich ist die Vererbung selten so einfach. Doch Mendel legte seine Pflanzenexperimente so schlicht wie möglich an, um eindeutige Ergebnisse zu erhalten. Dabei zeigte sich, daß einige leicht erkennbare Merkmale, wie Größe oder Blütenfarbe, von Generation zu Generation nach strengen Regeln weitergegeben werden.

Gregor Mendel war ein Pionier auf dem Gebiet, das wir heute Genetik nennen. Vor mehr als hundert Jahren offenbarten seine Gartenexperimente, wie die Vererbung mit fast computerartiger Präzision für die verschwenderische Vielfalt in der Pflanzenwelt sorgt.

## Sehen Sie sich mit den Augen anderer

Mit einem einzigen Spiegel können Sie sich nicht so sehen, wie es andere tun. Ihr Bild im Badezimmerspiegel ist seitenverkehrt. Wenn Sie es nicht glauben, strecken Sie die rechte Hand aus, als wollten Sie sich selbst die Hand schütteln. Die »Person« im Spiegel wird Ihre linke Hand ausstrecken.

Bei jedem Bild, das ein Badezimmerspiegel zeigt, ist links und rechts vertauscht. Um sich selbst mit den Augen anderer sehen zu können, brauchen Sie einen zweiten Spiegel, der den Effekt des ersten aufhebt und die Seiten erneut vertauscht.

Halten Sie zwei Handspiegel so, daß ihre Seiten sich berühren und sie einen rechten Winkel bilden – wie die Deckel eines aufgeschlagenen Buches, das Sie lesen. Nach kleinen Korrekturen erblicken Sie nun ein vollständiges Bild von sich, so wie es die anderen sehen. Zwinkern Sie mit dem rechten Auge – auch die Person im Spiegel wird mit dem rechten Auge zwinkern. Vielleicht kommt Ihnen das komisch vor, nachdem Sie Ihr Leben lang in Badezimmerspiegel geschaut haben.

Wenn Sie in die rechtwinklig angeordneten Spiegel schauen, sehen Sie links und rechts wieder in ihrer ursprünglichen Beziehung. Das hat einen einfachen Grund: Das Bild, das Sie sehen, wird zweimal reflektiert, bevor es Sie erreicht. Wenn Sie in den rechten Spiegel schauen, sehen Sie das Spiegelbild des linken Spiegels, der wiederum ein Spiegelbild Ihrer linken Gesichtshälfte zeigt, und umgekehrt. Wir haben es mit einem doppelten Reflexionsprozeß zu tun.

Das mag kompliziert erscheinen, ist aber leicht zu erkennen, wenn Sie es ausprobieren.

# Neutrinos und das Ende des Universums

Das Universum dehnt sich aus; die Galaxien driften auseinander. Eine entscheidende Frage lautet, ob es im Universum genügend Materie gibt, um diese Expansionsbewegung durch die Gravitation, die gegenseitige Massenanziehung, umzukehren.

Neutrinos sind die häufigsten und unauffälligsten subatomaren Teilchen im Universum. Bisher ist man von der Annahme ausgegangen, daß sie überhaupt keine Gravitationskraft ausüben. Doch angenommen, diese Annahme wäre falsch? Wenn jedes Neutrino auch nur eine winzige Gravitationskraft entfalten würde, könnte ihre vereinte Kraft die Expansion des Universums umkehren.

Unser Gravitationsbegriff sagt uns, daß Neutrinos, wenn sie denn Massenanziehung ausüben, wenigstens eine »Ruhemasse« besitzen müßten – die Art von Masse, die man als Gewicht auf einer Waage registriert. Haben Neutrinos eine solche Ruhemasse?

Nach Einsteins Relativitätstheorie, die sich bislang als zutreffende Beschreibung der Natur erwiesen hat, bewegt sich jedes Objekt, das eine Ruhemasse besitzt – beispielsweise ein Baseball oder ein Flugzeug – langsamer als das Licht. Sind also Neutrinos langsamer als Licht? Am 24. Februar 1987 hatten wir die Möglichkeit, das zu überprüfen, als sich in der Großen Magellanschen Wolke, einer südlich gelegenen nahen Galaxie, eine Sternenexplosion – eine Supernova – ereignete. Etwa zur gleichen Zeit zeigten Instrumente in Japan und in den USA eine intensive Neutrinostrahlung an, die vermutlich aus der Supernova stammte.

Einige der Neutrinos erreichten die Erde einige Sekunden später als die anderen. Waren diese unterschiedlichen Ankunftszeiten auf unterschiedliche Startzeiten zurückzuführen? Oder kamen einige Neutrinos langsamer voran – langsamer als das Licht?

Besitzen einige Neutrinos Ruhemasse und damit die Möglichkeit, Gravitationskraft auszuüben? Werden sie also die Expansion des Universums umkehren? Die Daten sind noch immer nicht eindeutig. Auf die Sekunde genau müßten wir wissen, wann das Licht jener Supernova die Erde erreicht hat. Vielleicht ist das möglich, vielleicht auch nicht.

## Das gekochte Ei

Warum verändert sich die Konsistenz eines Hühnereis aus einem flüssigen in einen mehr oder weniger festen Zustand, wenn es gekocht wird? Entscheidend ist dabei die Veränderung in der Anordnung der Proteinmoleküle.

Ein Proteinmolekül besteht aus einer langen Kette kleinerer Moleküle, den Aminosäuren. Diese werden durch starke Bindungen zwischen den Atomen zusammengehalten. Zwar werden diese Ketten kaum zerreißen, während das Ei kocht, doch dafür vollzieht sich eine andere Veränderung.

In einem rohen Ei ist jedes Proteinmolekül zu einer kompakten Kugel geformt. Für diese zusammengefaltete Gestalt des Moleküls sind schwächere Bindungen verantwortlich. Wenn Sie das Ei jetzt erwärmen, verstärken Sie dadurch die winzigen Zufallsbewegungen der Moleküle. In jedem Stoff, dessen Temperatur über dem absoluten Nullpunkt liegt, beschreiben die Atome und Moleküle solche Zufallsbewegungen. Je höher die Temperatur, desto rascher die Bewegung.

Wenn sich das Ei erwärmt, wird die Zufallsbewegung so schnell, daß die Bindungen zerreißen, die die Proteine in der zusammengefalteten Position halten. Folglich entfaltet sich das Proteinmolekül. Jetzt übernehmen die schwachen Bindungen, die zuvor für die Kugelgestalt der Proteine sorgten, andere Funktionen. Hier und da treffen nämlich die losen Enden der Proteinmoleküle aufeinander. Diese Enden überlappen sich und binden sich Seite an Seite. Bei weiterer Erwärmung des Eis bilden die verspleißten Moleküle ein Netz, dessen Lücken sich mit Wasser füllen. Je mehr Proteinmoleküle sich entfalten und verknüpfen, desto stärker wird das Netz und desto fester das Ei. Wenn das Netz für Ihren Geschmack fest genug ist, nehmen Sie das Ei vom Herd.

Beim Eierkochen besteht also die entscheidende Veränderung in einer neuen Anordnung der Proteinmoleküle des Eis. Sie entfalten sich, fügen sich zusammen und bilden ein Netz, das dem Ei seine neue, feste – gekochte – Konsistenz verleiht.

## Wie aus einem Feld ein Wald wird

Den im folgenden geschilderten Prozeß bezeichnet man als »ökologische Sukzession«. Im Falle des Feldes, aus dem ein Wald wird, kann er mehr als hundert Jahre dauern. Und so könnte er aussehen:

Beginnen wir mit dem brachliegenden Feld eines Bauernhofs. Zunächst macht sich Unkraut breit, die sogenannte Pioniervegetation, die aus Ansiedlern wie Löwenzahn und Ambrosiapflanzen besteht. Diese Pioniere wenden einen Großteil ihrer Energie für die Fortpflanzung auf.

Nach zwei oder drei Jahren beginnen mehrjährige Gräser und Büsche die ersten Pflanzen zu verdrängen – die nächste Stufe der ökologischen Sukzession.

In manchen Gegenden siedeln sich als nächstes Kiefern an. Ihre Samen werden durch Wind oder Tiere auf das Feld getragen. Nach ein paar Jahrzehnten wird so aus einem kahlen Feld ein Fichtenwald, der gut siebzig Jahre überdauern kann. Im Schatten der Fichten gehen die früheren Gräser und Büsche ein.

Während sich der Fichtenwald entwickelt, gelangen Eichen- und Hickorysamen auf das Gelände. Einige Eichen- und Hickoryschößlinge gedeihen im Schatten und wachsen rüstig heran, bis sie nach vielen Jahrzehnten groß genug sind, um nun ihrerseits Schatten auf die Fichten zu werfen. Fichten können sich im Schatten nicht vermehren, so werden sie allmählich von Stürmen, Krankheiten und Alter aufgerieben. Fast unbegrenzte Zeit wird der Wald nun von Eichen und Hickorybäumen beherrscht, es sei denn, irgendein störender Einfluß sorgt für ihren Untergang. Aus dem Feld ist ein Wald geworden, die sogenannte Klimax-Gesellschaft der Sukzession.

Wir haben ein vereinfachtes und idealisiertes Beispiel für eine ökologische Sukzession betrachtet. Normalerweise sind nämlich zum einen die Arten von Region zu Region verschieden, zum anderen aber kommt es vor allem selten vor, daß sich ein Feld hundert Jahre oder mehr selbst überlassen bleibt.

## Die wichtigste Fliege in der Wissenschaftsgeschichte

1910 tauchte diese Fliege plötzlich in einem Reagenzglas auf – im Labor von Thomas Hunt Morgan an der Columbia University in New York. Es handelte sich um eine männliche Taufliege *(drosophila)* mit einem sehr ungewöhnlichen, überraschenden Merkmal: weißen Augen. Normalerweise haben Taufliegen leuchtend rote Augen.

Mit der Züchtung seiner Taufliegen wollte Morgan Vererbungsmuster untersuchen. Um herauszufinden, welche Nachkommen dieser ungewöhnlichen, weißäugigen Fliege wohl die weißen Augen erben würden, kreuzte er sie mit ihren rotäugigen Schwestern. Zwei Taufliegengenerationen später erschienen weitere Fliegen mit weißen Augen.

Besonders merkwürdig und überraschend war, daß alle neuen weißäugigen Fliegen männlich waren. Warum erbten nur männliche Fliegen die weißen Augen? Eine Erklärung liefern die Chromosomen – sie sind Bestandteile jedes Zellkerns und sehen unter dem Mikroskop wie kleine Fadenstücke aus.

Weiße Augen bei Taufliegen werden durch eine ungewöhnliche Veränderung ausgelöst, einen scheinbaren Defekt im sogenannten X-Chromosom. Eine männliche Taufliege hat nur ein X-Chromosom in jeder Zelle, das heißt, wenn dieses Chromosom defekt ist, dann hat die Fliege weiße Augen. Dagegen hat eine weibliche Taufliege zwei X-Chromosomen. Wenn eines defekt ist, dient das andere als Reserve, und die weibliche Fliege hat normale rote Augen.

1910 wußten die Biologen bereits, daß männliche Taufliegen einen besonderen Chromosomensatz haben. Männliche Fruchtfliegen haben auch eine besondere Fähigkeit zur Vererbung weißer Augen – das war Morgans Entdeckung.

Thomas Hunt Morgans Untersuchungen legten die Vermutung nahe, daß sich das Geheimnis der Vererbung durch die Chromosomen erklären lasse – 1910 war das ein neuer Gedanke. Heute bildet er die Grundlage für unser Verständnis von der Fortpflanzung und Entwicklung der Lebewesen.

# Wie Pflanzen kämpfen

Seit Jahrhunderten weiß man, daß nur wenige Pflanzen neben einem Schwarzen Walnußbaum wachsen. Dieser Baum scheint etwas mit dem Boden anzustellen, wodurch das Wachstum anderer Pflanzen verhindert wird.

Das ist mehr als nur Konkurrenz. Konkurrenz heißt, daß Pflanzen um die gleichen Ressourcen streiten – Mineralien, Wasser, Platz und Licht. Im Grunde versucht jede an der Konkurrenz beteiligte Pflanze, sich etwas von der Umwelt anzueignen, und zwar mehr als die benachbarten Pflanzen. Schwarze Walnußbäume benutzen eine andere Strategie: Sie geben einen Stoff an ihre Umgebung ab, der anderen Pflanzen das Leben erschwert oder gar unmöglich macht. So verwelken und sterben Tomaten in der Nähe eines Schwarzen Walnußbaumes; Erlen überleben nicht länger als zehn Jahre.

Die Waffe dieses Baumes ist eine Substanz, die die Botaniker »Juglon« nennen. Für den Baum selbst ist sie harmlos, doch wenn sie mit Grundwasser in Berührung kommt, erlebt sie eine chemische Veränderung, die sie sehr aggressiv macht. Gibt man Juglone in ein Pflanzenbeet, läßt es die Pflanzen verkümmern oder absterben.

In der Wüste, wo Ressourcen für Pflanzen besonders knapp sind, schalten Büsche – wie beispielsweise Beifuß, Wermut und Salbei – die Konkurrenz durch sogenannte »Terpene« aus, einer ganzen Familie von chemischen Stoffen. Oft leben Wüstenbüsche in einem Umfeld, das praktisch kahl ist; selbst nach einem Brand haben andere Pflanzen Schwierigkeiten, sich in einem terpenverseuchten Gebiet anzusiedeln.

Einige Pflanzen produzieren sogar Chemikalien, die ihre eigene Fortpflanzung verhindern. In den Prärien von Oklahoma und Kansas stellen manche Arten der sogenannten Pioniervegetation – Sonnenblumen, Ambrosiapflanzen, Fingergras und andere – chemische Stoffe her, die Individuen ihrer eigenen Art am Wachstum hindern. So entledigen sie sich sogar der Konkurrenz in der eigenen Familie.

## Wie schnell ziehen Wolken?

Gehen Sie hinaus und werfen Sie einen Blick auf die Wolken. Bewegen sie sich? In welche Richtung? Wann wird die Bewegung so langsam, daß Sie sie beim besten Willen nicht mehr erkennen können? Wie rasch können Sie die Bewegung ausmachen? Wie verändert sich Ihre Wahrnehmung unter wechselnden Bedingungen – hochstehende und tiefstehende Wolken, starker oder schwacher Wind, Tag, Nacht, Mond, kein Mond, geschlossene Wolkendecke oder einzelne Wolken?

Wir nehmen Bewegung wahr, indem wir entweder die Position der Wolke an einem Fixpunkt messen, einem Schornstein beispielsweise, oder indem wir unsere Augen als Bezugspunkt benutzen. Natürlich messen unsere Augen die Geschwindigkeit nicht in Kilometern pro Stunde; wir schätzen die Geschwindigkeit nach Winkeln in unserem Gesichtsfeld ein.

Unser visuelles Wahrnehmungssystem ist ein überraschend empfindlicher Bewegungsdetektor. Nachts hebt sich ein Flugzeug oder ein Satellit dank seiner Bewegung deutlich von den Sternen ab, selbst wenn die Sterne heller sind. Manche Menschen können Bewegungen wahrnehmen, die nur einen Winkel von einem dreißigstel Grad pro Sekunde zurücklegen. Das geht allerdings nur, wenn sie einen ruhenden Gegenstand als Bezugspunkt verwenden. Bei dieser Geschwindigkeit braucht eine Wolke etwa fünfzehn Sekunden, um die Scheibe des Mondes oder der Sonne zu überqueren. (Zufälligerweise haben die Sonne und der Mond fast die gleiche scheinbare Größe am Himmel – ungefähr einen halben Winkelgrad.)

Wir besitzen nicht nur ein geschärftes Wahrnehmungsvermögen für langsame Bewegungen, sondern auch für Richtung und Geschwindigkeit der Bewegung. Manchmal genügt uns ein kurzer Blick, um zu sehen, wohin und wie schnell eine Wolke zieht. Ein guter Außenfeldspieler beim Baseball kann die Richtung eines Balles schon einen Sekundenbruchteil nach dem Schlag abschätzen.

Offenbar nehmen wir Bewegung nicht dadurch wahr, daß wir zuerst einen visuellen Schnappschuß machen, kurz darauf einen weiteren und die beiden dann miteinander vergleichen. Vielmehr fällt uns die Wahrnehmung von Bewegungen so leicht, weil unsere Augen jede Veränderung des einfallenden Lichtmusters auf der Netzhaut besonders empfindlich registrieren.

## Eine Methode zum Nüssesortieren

Wenn Sie eine Dose mit gemischten Nüssen einige Sekunden lang schütteln, tauchen die größten Nüsse oben auf. Der Abstand zwischen den Nüssen ist nicht so groß, daß die kleineren Nüsse hindurchfallen, trotzdem landen die kleinen Nüsse unten in der Dose und die großen oben. Durch das Schütteln bilden sich momentane Lücken in der Mischung, wobei kleinere Lücken häufiger auftreten als große.

Ein wesentliches Element dieses Prozesses ist auch die Schwerkraft. Während Sie die Dose schütteln, schieben sich die großen Nüsse häufig zur Seite und machen Platz, so daß die kleinen Nüsse nach unten fallen. Das geschieht wesentlich häufiger als der umgekehrte Fall. Dazu müßten nämlich mehrere kleinere beiseite rutschen, damit eine große durch die Lücke fallen könnte.

Jedesmal wenn eine große Nuß so weit zur Seite rutscht, daß eine kleine in eine der Lücken darunter fallen kann, kommt die große Nuß auf der kleineren zu liegen. Im Laufe von mehreren Sekunden werden die großen Nüsse so nach oben geschüttelt.

Das ist nicht nur ein unterhaltsames Küchenexperiment, sondern durchaus von praktischem Nutzen. In vielen Teilen der Welt trennen Bauarbeiter Kieselsteine vom Sand, indem sie große Behälter schütteln. Dann wandert der grobe Kies nach oben. Auch die Industrie kann dieses Aufwärtsbestreben größerer Teilchen nutzen, wenn es gilt, eine Mischung aus Teilchen verschiedener Größe anzufertigen – etwa in der Arzneimittel-, Glas- oder Farbenherstellung. Zuerst füllt man die großen Teilchen in einen Behälter, dann schüttet man die kleineren darauf. Nun schüttelt man den Behälter genau so lange, bis sich die aufsteigenden groben Teilchen gleichmäßig im Behälter verteilt haben.

# Alle reden von Genen – aber was tun sie eigentlich?

Oft bleiben uns die klassischen Experimente in der Geschichte der Wissenschaft im Gedächtnis, nicht weil sie besonders kompliziert, sondern weil sie so sinnreich erdacht sind.

Ein Beispiel: In den vierziger Jahren waren Biologen weitgehend davon überzeugt, daß Nachkommen ihren Eltern ähnlich werden, weil durch die sogenannten Gene bestimmte Informationen von Generation zu Generation übermittelt werden. Doch um was für Informationen handelt es sich? Was genau tut ein Gen dabei?

George Beadle und Edward Tatum beschlossen nun, herauszufinden, was Gene tun, indem sie diese beschädigten. Dazu arbeiteten Beadle und Tatum in den vierziger Jahren mit gewöhnlichem Brotschimmel. Sie züchteten ihn in ihren Reagenzgläsern mit einer einfachen Nährlösung: Zucker, Mineralien und einem Vitamin. Alle Proteine und sonstigen Stoffe, die der Schimmel braucht, konnten sie aus dieser Nährlösung herstellen.

Dann setzten Beadle und Tatum eine Anzahl ihrer Schimmelproben intensiver Röntgenstrahlung aus. Einige der bestrahlten Schimmelproben wuchsen nicht mehr weiter, bis man ihrer Nährsubstanz Proteine hinzufügte. Durch die Röntgenstrahlen hatten die Schimmelpilze die Fähigkeit verloren, diese Proteine herzustellen.

Mehr noch, die Unfähigkeit, bestimmte Proteine herzustellen, wurde wie andere ererbte Merkmale auf die nachfolgende Schimmelgeneration übertragen. Die Röntgenstrahlen hatten einen Defekt verursacht, und dieser Defekt wurde vererbt. In Wirklichkeit hatten die Röntgenstrahlen also die Gene der Schimmelpilze beschädigt.

Wichtig war das Beadle-Tatum-Experiment, weil es zeigte, was ein »Gen« tatsächlich von Generation zu Generation übermittelt: nämlich ein System von Rezepten – Anweisungen – zur Herstellung von Proteinen. Die nächste Aufgabe der Biologie, die noch immer nicht abgeschlossen ist, soll Klarheit darüber bringen, wie Proteine die Ähnlichkeit zwischen Nachkommen und Eltern zustande bringen.

## Blätter oben und unten

Ist Ihnen schon einmal aufgefallen, daß ein Baum Blätter unterschiedlicher Form haben kann?

Sehen Sie sich doch bei nächster Gelegenheit die Blätter eines großen Baums genauer an – vielleicht einer Weißeiche. Vergleichen Sie die Blätter der Baumspitze mit denen in der Nähe des Bodens. In den höheren Bereichen sind die Blätter oft klein und dick, nahe des Bodens breit und dünn. Außerdem sind die oberen Blätter tiefer gelappt als die unteren.

Möglicherweise helfen diese Unterschiede den Blättern, ihre Aufgaben besser wahrzunehmen. Die augenfälligste Aufgabe eines Blattes besteht darin, aus Kohlendioxyd, Wasser und Sonnenlicht die Nährstoffe für den Baum herzustellen. So gesehen, dürfte ein kleines, dickes Blatt mit tiefer Lappung besser für die sonnigen, heißen Verhältnisse im Baumwipfel geeignet sein. Ein dickes Blatt nimmt mehr Kohlendioxyd auf und verliert weniger Wasser als ein dünnes Blatt von gleicher Oberfläche. Kohlendioxyd wird nämlich von Spezialzellen im Inneren des Blattes aufgenommen; und ein dickeres Blatt besitzt pro Quadratzentimeter Oberfläche mehr solcher Spezialzellen als ein dünnes Blatt.

Außerdem sorgen geringe Größe und tiefe Lappung für eine Form der Luftzirkulation, die das Blatt an der Spitze des Baumes kühl hält. Wenn ein Blatt zu warm wird, gibt es zuviel Wasser durch Verdunstung an die Luft ab. Und wenn ein Baum zuviel Wasser verliert, kann er die Mineralien, die er braucht, nicht vom Boden nach oben befördern.

Auf der anderen Seite scheint sich ein großes, dünnes Blatt mit glatterem Umriß besser für die dunkleren, kühleren Verhältnisse nahe des Bodens zu eignen. Hier unten sind Wärme- und Wasserverlust keine sonderliche Gefahr.

So scheinen die warmen, sonnigen Verhältnisse an der Spitze des Baumes kleine, dicke Blätter zu fördern; die kühlere und dunklere Umgebung in Bodennähe hingegen große, dünne Blätter. Man kann diesen Unterschied bei vielen Bäumen beobachten.

## Ein Geschmackstest

Eine altmodische englische Dame kommt zu Ihnen und sagt: »Meinen Tee trinke ich mit Milch. Aber ich bin sehr eigen; die Milch muß in den Tee gegossen werden. Ich mag es nicht, wenn die Milch zuerst in die Tasse kommt. Nur am Geschmack kann ich herausfinden, ob zuerst die Milch oder der Tee in die Tasse gegossen wurde.« Diese kühne Behauptung beschließen Sie, der Wissenschaftler, anhand eines Experiments zu überprüfen. Acht Tassen Tee bereiten Sie vor. In vier von ihnen füllen Sie zuerst die Milch, in die restlichen vier zuerst den Tee. Der Dame verraten Sie natürlich nicht, wie die Tassen stehen. Sie bitten sie, aus allen acht Tassen zu trinken und diejenigen herauszusuchen, in die zuerst die Milch gegeben wurde. Daraufhin nimmt die englische Dame aus jeder Tasse einen Schluck, stellt vier Tassen beiseite und sagt: »Dies sind die Tassen, in die zuerst die Milch gegeben wurde.« Sie überprüfen Ihre Liste und stellen fest, daß die Dame in drei Fällen recht hat und sich nur in einem irrt.

Ein Reporter ruft Sie an und fragt: »Wir haben Anfragen von Hörern, die wissen wollen, ob diese Dame tatsächlich nur durch Probieren herausfinden kann, ob die Milch zuerst hinzugefügt wurde.« Sie sind der Wissenschaftler. Was tun Sie?

Nun gilt es, einen kühlen Kopf zu bewahren und alle denkbaren Resultate des Experiments zu berücksichtigen. Wie groß ist die Wahrscheinlichkeit, daß die Dame nur durch Raten auf diese Erfolgsquote gekommen ist? Die Antwort auf diese Frage läßt sich exakt berechnen. In unserem Beispiel ergibt eine kleine Rechnung eine Wahrscheinlichkeit von 24 Prozent, daß die Dame, ohne wirklich die »geschmackliche« Fähigkeit zu besitzen, eine solche Erfolgsquote erreicht. Vermutlich würden Sie daraus schließen, daß Sie nicht genügend Informationen haben, um mit Sicherheit sagen zu können, ob die Dame wirklich unterscheiden kann, wo die Milch vor dem Tee in die Tasse gegossen worden ist.

Das ist ein hübsches Beispiel mit einer sehr ernsten Moral: Ein Wissenschaftler muß nicht nur berücksichtigen, was für Ergebnisse bei einem Experiment herauskommen, sondern auch, welche Ergebnisse noch möglich gewesen wären.

## Warum ein Gummiband zurückschnellt

Sie ziehen an einem Gummiband; es wird lang und dünn. Sie lassen es los; es springt in seine ursprüngliche kurze und dickere Form zurück, bereit, erneut in die Länge gezogen zu werden.

Aus zwei Gründen besitzt Gummi diese nützliche Eigenschaft: Erstens haben Gummimoleküle eine besondere Struktur und Anordnung; zweitens bewegen sich diese Moleküle ständig umher, weil die Temperatur des Gummis über dem absoluten Nullpunkt liegt. In jedem Material, dessen Temperatur nicht dem absoluten Nullpunkt entspricht, führen die Moleküle fortlaufend winzige, zufällige und ruckartige Bewegungen aus.

Gummimoleküle sind wie Spaghettinudeln geformt. Wenn Sie ein Gummiband dehnen, ziehen Sie damit die Spaghettimoleküle in eine mehr oder weniger gerade Form. Doch die Moleküle bewegen sich immer noch. Sie pendeln von einer Seite zur anderen und stoßen sich dabei gegenseitig an. Aufgrund dieser Bewegung sind die Moleküle bestrebt, sich zur Seite hin auszubreiten. Sie wollen aus der aufgezwungenen gestreckten Form ausbrechen, sich kräuseln, einknicken und sich ineinander verwickeln. Daher entsteht an den Enden des Gummibands ein Zug nach innen. Das langgezogene Gummiband versucht gewissermaßen, sich in seine kurze, dicke, schlaffe Form zurückzuverwandeln, damit die Moleküle mehr Platz für ihre Seitwärtsbewegung haben. Es springt zurück.

Dieses Bild erklärt auch eine andere Eigenschaft des Gummis: Im Gegensatz zu anderen Materialien schrumpft es, wenn man es erhitzt, und dehnt sich aus, wenn man es kühlt. In einem warmen Gummiband bewegen sich die Moleküle schneller, die Seitwärtsbewegungen werden heftiger und ziehen deshalb stärker an den Enden als in einem kalten Gummiband. Deshalb wird ein Gummiband ein Päckchen in der Sonne fester umschnüren als in der Tiefkühltruhe.

## Wann reißt die Oberflächenspannung?

Füllen Sie ganz vorsichtig Wasser in ein Glas, bis sich die Wasseroberfläche mit dem Glasrand genau auf einer Höhe befindet. Vielleicht benutzen Sie lieber ein zweites Glas als den Wasserhahn, um die letzten Tropfen zuzugeben. Lassen Sie jetzt einen Pfennig behutsam in das Glas gleiten. Die Wasseroberfläche wird sich ein wenig nach oben wölben, das Glas jedoch nicht überlaufen.

Wassermoleküle ziehen sich gegenseitig an. Dadurch bildet sich ein Oberflächenfilm, der unter Spannung steht. Obwohl sich das Wasser nach oben wölbt, wird es durch die Oberflächenspannung am Überlaufen gehindert.

Nun können Sie sich mit dem folgenden Spiel vergnügen: Wieviel Kleingeld geht ins Glas, ohne daß das Wasser über den Rand läuft? Jede Münze verdrängt die Wassermenge, die ihrem eigenen Volumen entspricht. Mit anderen Worten: Die Wölbung an der Wasseroberfläche weist das gleiche Volumen auf wie alle Münzen im Glas zusammengenommen. Der Oberflächenfilm des Wassers, der durch die Anziehungskraft der Wassermoleküle entsteht, umgibt das Wasser wie eine Tasche. Wieviel Wasser kann diese Tasche halten, bevor sie platzt?

Die Spielregeln lassen sich beliebig ergänzen. So können Sie beispielsweise festlegen, daß derjenige, der die letzte Münze in das Glas fallen läßt, bevor das Wasser überläuft, das Geld im Glas erhält.

Noch spannender wird das Spiel, wenn Sie statt der Münzen Büroklammern nehmen. Wie zuvor füllen Sie das Glas vorsichtig mit Wasser. Wie viele Büroklammern können Sie nun in das Glas gleiten lassen, bevor die Oberflächenspannung reißt und das Glas überläuft? Einige Leute werden wetten, daß zehn Klammern ausreichen. Doch bedenken Sie: Eine Büroklammer ist ein gebogenes Stück Draht, das nur eine winzige Wassermenge verdrängt! Unter Umständen können Sie mehr als hundert Büroklammern ins Glas fallen lassen, bevor es überläuft.

## Wie Küchenschaben entwischen

Die leider viel zu vertraute amerikanische Küchenschabe scheint im voraus zu wissen, wo Sie zuschlagen. Welche Gefahrensignale nimmt das Tierchen als Anlaß zur Flucht?

Als Insektenkundler sich mit dieser Frage beschäftigten, fanden sie heraus, daß Küchenschaben Luftströmungen wahrnehmen, die durch die Bewegung von Gegenständen in ihrer Nähe erzeugt werden. Sie laufen vor dem Luftstoß davon. Wohlgemerkt, es muß ein Luftstoß sein, keine stetige Brise. Die Flucht der Küchenschabe wird ausgelöst, wenn die Luftbewegung in Sekundenbruchteilen anschwillt.

Schaben haben spezielle Organe, mit denen sie solche Luftstöße wahrnehmen. Zwei spitz zulaufende Fortsätze, sogenannte »Cerci«, verlängern den Hinterleib der Küchenschabe. Auf der Unterseite jedes Cercus sitzen rund 220 empfindliche Tasthärchen, die mit dem Nervensystem der Schabe verbunden sind. Wenn ein Luftstoß diese Härchen berührt, lösen sie einen Nervenimpuls aus, der direkt an die Beinmuskulatur des Insekts weitergeleitet wird.

Jedes Haar kann sich in eine bestimmte Richtung ein bißchen leichter biegen als in eine andere, deshalb ist jedes Haar besonders empfindlich für Wind aus einer bestimmten Richtung. Das exakte Muster, in dem die Nervenimpulse der Härchen die Beine der Schabe erreichen, sorgt dafür, daß das Insekt in die dem Windstoß entgegengesetzte Richtung davonläuft. Ein Luftstoß von links veranlaßt die Schabe, nach rechts zu laufen, fort von dem Wind.

Eine Küchenschabe mit einem lädierten oder entfernten Cercus wendet sich in die falsche Richtung. Sind beide Cerci beschädigt oder entfernt, versucht das Tierchen gar nicht erst davonzulaufen.

# Die Mondtäuschung

Seit Jahrtausenden beobachten die Menschen, daß der Mond größer ist, wenn er tiefer am Himmel steht. Diesen Effekt bezeichnet man als Mondtäuschung.

Das ist kein physikalischer Effekt. Die Atmosphäre ist nicht schuld an der Vergrößerung des Mondes. Flacher oder bunter kann die Atmosphäre ihn erscheinen lassen, aber nicht größer. Fotos beweisen, daß das Bild des Mondes immer die gleiche Größe hat, egal ob er tief oder hoch am Himmel steht. Doch fast immer halten die Menschen ihn für größer, wenn er tief am Himmel steht.

Der wahre Grund für die Mondtäuschung scheint in der Beziehung zwischen dem Mond und bestimmten Eigenschaften des fernen Horizontes zu liegen. Wie wir die Größe des Mondes einschätzen, hängt davon ab, wie wir die Entfernung zum Horizont wahrnehmen. Das scheint jedenfalls aus psychologischen Experimenten hervorzugehen, aber Sie können auch selbst Experimente zur Mondtäuschung durchführen.

Schneiden Sie ein Loch von der Größe einer Münze in ein Stück Pappe. Halten Sie die Pappe auf Armeslänge von sich, also nicht dicht vor Augen. Die Pappe blendet die Landschaft in der Umgebung des Mondes aus Ihrem Blick aus. Wirkt der Mond, durch die Pappe betrachtet, kleiner als ohne Pappe?

Bei einem weiteren Experiment betrachten Sie die Szene auf dem Kopf, indem Sie sich vornüber beugen und durch die Beine schauen. Für die meisten Leute verliert sich der Eindruck, der Horizont sei weit entfernt, wenn das Bild auf dem Kopf steht. Wird für Sie die Mondtäuschung durch den verringerten Entfernungseindruck aufgehoben?

Den auf- oder untergehenden Mond durch ein Loch in einer Pappe oder kopfüber zu betrachten, sind zwei einfache Tricks, mit deren Hilfe man die Mondtäuschung aufheben kann. Versuchen Sie es, und Sie bekommen eine Ahnung von den rätselhaften Zusammenhängen, die unsere Fähigkeit bestimmen, Entfernung und Größe einzuschätzen.

## Polarisierende Sonnenbrillen

Wodurch verhindert eine polarisierte Sonnenbrille, daß ihr Träger von reflektierendem Sonnenlicht geblendet wird?

Beginnen wir mit einem Vergleich. Zwei Kinder halten ein langes Springseil straff gespannt. Ein Kind beginnt sein Ende des Springseils zu schütteln. Die Wellen, die es dabei verursacht, wandern vom einen Ende des Seils zum anderen. Das Kind kann das Seil von oben nach unten bewegen, seitwärts oder in jede beliebige Richtung. Auch die Wellen schwingen dann in beliebige Richtungen.

Wenn wir uns die Wellen, die das Springseil entlanglaufen, als Modelle der Lichtwellen denken, die sich im Raum ausbreiten, dann entspricht die Richtung der Seilschwingungen der Richtung der sogenannten Polarisation des Lichts. Licht kann horizontal, vertikal oder in jede andere Richtung polarisiert sein.

Zurück zu unserem Seilbeispiel: Nehmen wir an, die Kinder hätten ihr Seil durch einen Lattenzaun gezogen. Wenn ein Kind nun das Seil seitwärts bewegt, werden die Schwingungen durch den Zaun unterbunden. Schüttelt das Kind das Seil hingegen von oben nach unten, durchqueren die Wellen den Zaun ungehindert.

Polarisierende Sonnenbrillen funktionieren wie dieser Lattenzaun: Sie lassen Licht durch, das senkrecht schwingt, und blenden waagerecht schwingendes Licht aus. Licht, das von einer nicht-metallenen waagerechten Fläche – etwa einer Straße oder einem See – zurückgeworfen wird, schwingt im allgemeinen waagerecht. Dieses reflektierte Licht blendet und soll deshalb durch polarisierende Sonnenbrillen ausgefiltert werden.

Probieren Sie folgendes Experiment aus: Nehmen Sie Ihre polarisierende Brille ab, und drehen Sie sie langsam in eine senkrechte Position, während Sie durch eine der Linsen blicken. Und schon tauchen die Glanzpunkte wieder auf. Sie drehen nämlich vergleichsweise den Gartenzaun gerade zur Seite, so daß die Latten die Schwingungen des Blendlichts durchlassen.

## Für und Wider die Mercator-Projektion

Fährt man mit dem Schiff nordöstlich von Caracas, Venezuela, in den Atlantischen Ozean hinaus und bleibt man auf diesem Kurs, wo wird man dann landen? In Portugal? Spanien? Frankreich? England? Irland? Schottland? Norwegen? Mit der richtigen Karte läßt sich das leicht herausfinden.

Die richtige Karte ist in diesem Fall die Mercator-Projektion, die 1569 von dem deutschen Geographen und Kupferstecher Gerardus Mercator zuerst als Weltkarte veröffentlicht wurde. Projektion heißt, daß Punkte von der runden Erde auf eine flache Karte übertragen werden. Heute sind Dutzende von Projektionen in Gebrauch, doch Mercators Projektion hat eine besondere Eigenschaft: Der Kurs, der daraus resultiert, daß eine bestimmte Kompaßeinstellung beibehalten wird, wird als gerade Linie wiedergegeben. In der Fachsprache heißt ein solcher Kurs »Loxodrome«.

Eine Loxodrome ist weder die kürzeste Strecke zwischen zwei Punkten auf der Erde noch beschreibt sie eine gerade Linie auf der Erde. Doch auf der Mercator-Projektions-Karte ist die Loxodrome eine gerade Linie, und sie ist der einfachste Kurs auf der Erde, wenn man mit dem Kompaß navigiert, wie es die Seeleute zu Mercators Zeiten taten.

Allerdings mußte Mercator diese Vorteile mit einigen inzwischen allgemein bekannten Verzerrungen erkaufen. In Polnähe sind die Erdteile und Meere viel zu groß im Verhältnis zu den geographischen Gegebenheiten nahe des Äquators. So sieht Grönland im Vergleich zu Afrika viel zu groß aus. Aus diesem Grund vermeiden moderne Atlanten bei Bevölkerungs- und Wirtschaftskarten die Mercator-Projektion.

Finden Sie selbst heraus, wohin Sie ein nordöstlicher Kurs von Caracas aus führt. Legen Sie dazu einfach ein Lineal in einem Winkel von fünfundvierzig Grad auf die Karte, und rücken Sie ein Ende auf Caracas. Doch vergewissern Sie sich zuvor, daß die Karte auch wirklich auf der Mercator-Projektion beruht.

## Überraschung am Rand des Schattens

Betrachten Sie an einem sonnigen Tag sorgfältig Ihren Schatten auf einer glatten Fläche. Sie werden sehen, daß der Rand nicht vollständig scharf ist. Zwischen der dunklen Innen- und der hellen Außenseite gibt es einen allmählichen Übergang, einen Zwischenbereich von abgestuften Grautönen. Und noch etwas können Sie erkennen: einen hellen Streifen knapp außerhalb der Grauzone auf der hellen Seite. Wenn Sie noch genauer hinsehen, erkennen Sie vielleicht auch einen dunklen Streifen knapp innerhalb der Grauzone auf der dunklen Seite.

Erstmals wurden dieser helle Streifen an der Außenseite des Schattens und der dunkle Streifen an seiner Innenseite vor mehr als hundert Jahren von dem österreichischen Physiker Ernst Mach in der wissenschaftlichen Literatur erörtert. Deshalb nennt man sie im allgemeinen »Machsche Streifen«.

Die Machschen Streifen sind eine optische Täuschung: Sie zeigen nicht an, daß tatsächlich unterschiedliche Lichtmengen auf den Boden treffen, sondern werden durch unser Sehsystem hervorgerufen. Noch deutlicher sehen Sie sie, wenn Sie umhergehen, ohne den Rand des bewegten Schattens aus den Augen zu lassen.

Die Machschen Streifen lassen erkennen, daß unser Sehsystem Randkontraste betont. Es signalisiert uns den Unterschied zwischen dem dunklen und dem hellen Bereich, indem es die Grenzlinie beider betont. Deshalb können wir Bilder mit Hilfe von Linien zeichnen. Um beispielsweise das kenntliche Bild einer Kaffeetasse entstehen zu lassen, braucht der Maler nur die Ränder zu zeichnen. Unser Wahrnehmungssystem interpretiert die Linien so, daß sie auf der einen Seite »Kaffeetasse« und auf der anderen »Hintergrund« bedeuten.

Halten Sie Ausschau nach dem Machschen Streifen am Rande eines Schattens: ein besonders heller Streifen auf der hellen Seite und ein besonders dunkler Streifen auf der dunklen Seite. Diese Streifen liefern den eindeutigen Beweis dafür, daß unser Wahrnehmungssystem Kontraste betont, wo immer wir Ränder sehen.

## Algen als Thermostaten

Man nimmt an, daß Meeresalgen einen Beitrag zur Gleichmäßigkeit des Erdklimas leisten. Vermutlich sieht der Prozeß folgendermaßen aus:

Einige Algen, die im offenen Meer leben, produzieren ein Gas namens Dimethylsulfid, auch DMS genannt. Die Algen geben das Gas an die Luft ab, wo eine chemische Reaktion stattfindet. Das Ergebnis sind winzige Kristalle von etwa einem millionstel Zentimeter Durchmesser, die in der Luft über dem Wasser schweben.

An diesen winzigen Kristallen kondensiert Wasserdampf, so daß Wolkenteilchen entstehen, die möglicherweise etwas kleiner als gewöhnlich sind. Wolkentröpfchen, die kleiner als gewöhnlich sind, bilden Wolken, die weißer als gewöhnlich sind und deshalb mehr Licht als gewöhnliche Wolken in den Weltraum reflektieren. So wird das Klima gekühlt.

Kommen wir nun zu dem spekulativeren Teil der Theorie: Es könnte sein, daß die Algen, die das DMS-Gas produzieren, eher in wärmeren Gewässern vorkommen. In diesem Fall könnten die Algen tatsächlich als globaler Thermostat wirken. Und zwar folgendermaßen:

Nehmen wir an, die Welt erwärmt sich aus irgendeinem Grund. Unsere Algen würden sich in dem warmen Wasser stark vermehren und mehr DMS produzieren, das eine größere Zahl der kleinen Kristalle bilden würde, so daß mehr und hellere Wolken entstünden. Die zusätzlichen Wolken würden mehr Sonnenlicht in den Weltraum reflektieren, wodurch die Atmosphäre gekühlt und die Erwärmung, die den gesamten Prozeß angeregt hat, umgekehrt würde. Mit anderen Worten, wenn es den Algen zu warm wird, bilden sie Wolken und sorgen für Schatten auf dem Meer.

So sieht die Theorie aus. Stimmt sie? Noch ist sie nicht bewiesen.

Auf jeden Fall gibt es eine Reihe von Vorgängen, einschließlich der Verbrennung fossiler Brennstoffe durch den Menschen, die das Klima beeinflussen können. Die Klimatologie muß nun herausfinden, welche Vorgänge entscheidend sind.

## Einen Stock ausbalancieren ohne hinzuschauen

Nehmen Sie einen Stock, der einen Meter lang ist und eine Zentimetereinteilung aufweist. Dann liegt die Mitte natürlich bei fünfzig Zentimetern. Doch wie findet man diese Mitte mit verbundenen Augen? Vielleicht vermuten Sie ein kompliziertes Verfahren, etwa daß Sie Zentimeterkerben abtasten müssen und auf diese Weise die Mitte errechnen können. Es gibt einen einfacheren Weg. Strecken Sie Ihre Hände so aus, daß die Zeigefinger nach vorn gerichtet sind. Legen Sie den Stock über Ihre Finger, und führen Sie die Hände nun langsam zusammen. Ihre Finger werden sich direkt unterhalb der Fünfzig-Zentimeter-Marke treffen.

Tatsächlich haben Sie das Schwerkraftzentrum des Stocks gefunden, den Punkt, an dem er sich im Gleichgewicht befindet. Wir gehen davon aus, daß Ihr Stock nur aus einem einzigen Material besteht, aus Holz oder einem anderen Stoff, und daß er weder Metallbeschläge noch Löcher aufweist, die bewirken würden, daß er sich nicht in der Mitte im Gleichgewicht befände. Wenn diese Annahme richtig ist, läßt sich der Stock genau bei fünfzig Zentimetern auf Ihren Fingern balancieren.

Während Sie Ihre Hände zusammenführen, spüren Sie, wie der Stock erst über den einen Finger rutscht, dann über den anderen. Immer wenn sich Ihre linke Hand dem Schwerkraftzentrum stärker nähert als die rechte, wird der Stock schwerer auf Ihren linken Zeigefinger drücken. Stärkerer Druck erzeugt stärkere Reibung, so daß der Stock nicht mehr über den linken Finger gleitet. Die Gleitbewegung findet jetzt also so lange über Ihrem rechten Zeigefinger statt, bis dieser näher an den Mittelpunkt herangerückt ist und sich der ganze Vorgang umkehrt. Mit anderen Worten: Wenn eine Hand näher an den Mittelpunkt heranrückt, verhindert die Reibung dort die Gleitbewegung, bis die andere Hand aufgeholt hat.

Dies alles geschieht, ohne daß Sie besondere Anstrengungen unternehmen müßten. Legen Sie nur den Stock über Ihre Zeigefinger, und führen Sie die Hände langsam und gleichmäßig aufeinander zu. Bei fünfzig Zentimetern, dem Schwerkraftzentrum des Stocks, treffen sie zusammen.

# Der Stein im Ruderboot

Betrachten wir ein klassisches Rätsel, das Ihnen Spaß machen wird.

Sie sitzen in einem Ruderboot auf einem kleinen Teich. Ein großer Felsstein liegt in Ihrem Boot. Nun werfen Sie den Stein über Bord. Fällt der Wasserspiegel des Teichs, steigt er oder bleibt er, wie er war?

Ganz klar ist, daß der Wasserspiegel fiele, wenn Sie alles aus dem Teich nähmen – sich selbst, das Boot und den Stein. Wenn Sie dagegen selbst im Boot auf dem Wasser blieben und den Stein ans Ufer würfen, sänke der Wasserspiegel ebenfalls. Weil das Ruderboot weniger wöge, nachdem Sie den Felsen ans Ufer geworfen hätten, läge es höher im Wasser und würde weniger Wasser verdrängen. Doch was passiert, wenn Sie den Stein ins Wasser werfen?

Sie können die Situation nachstellen, indem Sie Wasser in ein großes Marmeladenglas füllen. Das ist der Teich. Legen Sie einen kleinen Stein in eine Blechdose – das Boot – und lassen Sie sie zu Wasser. Markieren Sie den Wasserspiegel außen auf dem Marmeladenglas. Werfen Sie den Stein auf den Grund des Glases. Nun haben Sie eine leere Dose, die an der Oberfläche schwimmt. Passen Sie auf, daß sie nicht kentert. Ist der Wasserspiegel jetzt höher, niedriger oder so, wie er war?

Überlegen wir zunächst, auf welchen logischen Voraussetzungen die Antwort beruht: Wenn der Stein im Boot lastet, verdrängt er die Menge Wasser, die seinem Gewicht entspricht. Das ist viel Wasser. Auf dem Teichgrund verdrängt er so viel Wasser, wie er Volumen hat. Das ist weniger Wasser. Also verdrängt der Stein auf dem Teichgrund weniger Wasser als im Boot. Außerdem liegt das Boot ohne Stein höher im Wasser.

Nun also die Antwort: Wenn Sie in einem Ruderboot sitzen, einen großen Felsstein an Bord haben und diesen Stein ins Wasser werfen, dann sinkt der Wasserspiegel.

## Nicht sauber, sondern rein

In erster Linie hat ein Waschmittel die Aufgabe, Dreck aus dem Gewebe zu entfernen. Doch manche Mittel lassen auch etwas zurück – einen Zusatz, der dafür sorgen soll, daß das Gewebe weißer und heller aussieht als im Neuzustand. Nicht sauber, sondern rein, wie es in der Werbung heißt.

Dieser Zusatz ist ein sogenannter optischer Aufheller oder Weißtöner. In Wirklichkeit ist er ein Färbemittel mit einer besonderen Eigenschaft: Er absorbiert unsichtbare ultraviolette Strahlen aus dem Sonnenlicht und gibt einen schwachen Schimmer sichtbaren blauen Lichts ab. Die blauen Strahlen neutralisieren die gelbe Farbe des schmutzigen, alten Gewebes und vermitteln dem Auge den Eindruck von Weiß.

Optische Aufheller gehören zu den sogenannten fluoreszierenden Stoffen. Aus den ultravioletten Strahlen des Sonnenlichts nehmen die Aufheller Energie auf, um sie in Form von blauem Licht abzugeben, das fürs menschliche Auge sichtbar ist.

Die Verwendung von optischen Aufhellern kann wirtschaftlich sein. Wenn man Kleidung mit Aufhellern behandelt, braucht man weniger Bleichmittel, um ihnen ein sauberes Aussehen zu verleihen. Unter Umständen hält die Kleidung dann länger, denn manche Bleichmittel greifen die Fasern des Gewebes an.

Außergewöhnlich effektvoll sind optische Aufheller unter Schwarzlichtlampen, wie sie noch immer in einigen Bars, Eislaufbahnen und Diskotheken benutzt werden, um eine schummrige Atmosphäre zu schaffen. In Schwarzlicht ist viel ultraviolette Strahlung und sehr wenig sichtbares Licht enthalten. Gewebe – besonders helles Gewebe – leuchtet, wenn die optischen Aufheller in den Fasern das unsichtbare ultraviolette Licht in blaues Licht verwandeln.

## Hormon-Insektizide

Im menschlichen Körper lösen bestimmte Hormone die physischen Veränderungen aus, die den kindlichen Körper zur Gestalt des Erwachsenen reifen lassen. Bei Insekten ist es umgekehrt. Da ermöglicht das Fehlen eines Hormons dem Insekt die Reifung, die zum nächsten Entwicklungsstadium führt.

Es heißt Juvenilhormon, weil es die Aufgabe hat, dem Insekt seine Jugend zu erhalten – das heißt, seine Entwicklung zu verlangsamen. Für Insekten ist es wichtig, über einen bestimmten Zeitraum unreif zu bleiben. Viele nehmen den Großteil ihrer Nahrung auf, bevor sie die erwachsene Entwicklungsstufe erreichen. Dann sind diese Insekten nämlich vorwiegend damit beschäftigt, umherzuziehen und sich fortzupflanzen.

Manche Pflanzen stellen ein Anti-Juvenilhormon her – einen Stoff, der die für die Herstellung des Jugendhormons zuständigen Zellen des Insekts zerstört. Besonders eine Freilandpflanze der Gattung *Ageratum* produziert ein Anti-Juvenilhormon, das den Lebenskreislauf des Seidenkäfers unterbricht. Die Larven dieser Insektenart werden nach Berührung mit dem Anti-Juvenilhormon sehr rasch zu Mini-Erwachsenen. Das heißt, sie fressen weniger im Laufe ihres Lebens, weil sie keine Gelegenheit haben, alle frühen Entwicklungsstadien zu durchlaufen – die Stadien, in denen sie einen Großteil ihrer Nahrungsaufnahme absolvieren. Die Vorteile, die sich aus diesem Vorgang für die Pflanze ergeben, liegen auf der Hand. Seidenkäfer-Weibchen, die von einem Anti-Juvenilhormon vorschnell ins Erwachsenenstadium befördert werden, sind steril. Außerdem verweigern sie die Begattung.

Noch hat man Anti-Juvenilhormone nicht in nennenswertem Umfang angewendet, doch wenn man sie in größeren Mengen herstellen könnte, dann hätte man Insektizide, die wirklich nur die Insekten angriffen. Durch Versprühen eines Anti-Juvenilhormons ließe sich eine ganze Insektenpopulation in eine Schar frühreifer Erwachsener verwandeln – appetitlos und fortpflanzungsunfähig.

## Ein Bild auf dem Kopf

Führen wir ein einfaches visuelles Experiment durch. Sie brauchen dafür zwei DIN-A6-Karteikarten.

Nehmen Sie eine Karte, und stechen Sie mit einer geraden Nadel drei Löcher hinein, die ein winziges Dreieck bilden. Die Löcher sollten einen Abstand von etwa anderthalb Millimetern aufweisen. In die andere Karte stechen Sie nur ein Loch.

Jetzt halten Sie die Karte mit den dreieckig angeordneten Löchern ganz dicht vor ein Auge. Die zweite Karte mit dem einzelnen Loch sollte von der ersten Karte vier Zentimeter entfernt sein. Wenden Sie sich hellem Licht zu, und schauen Sie durch die drei Löcher auf das einzelne Loch. Sie werden Ihr Dreieck auf dem Kopf stehen sehen.

Aus den Löchern in den Karten fallen drei dünne Lichtstrahlen in Ihr Auge, die drei kleine Punkte auf Ihrer Netzhaut bilden. Unter normalen Umständen projiziert die Linse Ihres Auges ein scharfes umgekehrtes Bild auf die Netzhaut. Erst die Nerven und das Gehirn stellen das Bild wieder auf die Füße. Doch in diesem Experiment ist die Karte mit den drei Löchern so dicht an Ihrem Auge, daß die Linse die drei Punkte nicht fokussieren, das heißt zu einem scharfen Bild bündeln kann. Der Rest Ihres Sehsystems verfährt wie üblich und kehrt das Lichtdreieck auf Ihrer Netzhaut um, so daß das Lochmuster für Sie auf dem Kopf steht.

Es ist ein verblüffender Effekt; probieren Sie es aus.

# Ein neuer Mensch aus einer Nase?

Kann wirklich ein neuer Mensch aus einer Nase hervorgehen, wie uns Woody Allen in seinem Film *Der Schläfer* weismachen will?

Dazu müssen wir ganz von vorn anfangen. Eines der größten Geheimnisse unseres Planeten lautet: Wie bringt eine einzige befruchtete Eizelle die vielen hundert unterschiedlichen Zellarten eines ausgewachsenen Organismus hervor? Hinter dieser Frage verbirgt sich eine weitere. Das befruchtete Ei teilt sich in zwei Zellen, dann in vier Zellen, dann in acht, sechzehn... – um schließlich alle Zellen des neuen Körpers zu bilden. Enthalten alle diese Körperzellen die genetischen Informationen, die die befruchtete Eizelle ursprünglich getragen hat? Und ist diese genetische Information immer verfügbar? Wäre es möglich, die Kopie eines Organismus aus einer seiner Zellen herzustellen?

Bei Pflanzen ist es möglich. Und es hat auch schon bei Fröschen geklappt. Doch bei Säugetieren liegt die Sache anders.

In einem Experiment hat man die Kerne zweier befruchteter Mäuseeizellen miteinander vertauscht. Das geht nur mit Hilfe raffinierter mikrochirurgischer Techniken. Die Eizelle mit dem ausgetauschten Kern entwickelte sich, einer weiblichen Maus implantiert, zu einer normalen Maus. In einem anderen Experiment stammte der ausgetauschte Kern von einem befruchteten Mäuseei, das sich schon in vier Zellen geteilt hatte. Das Ei, das diesen Kern erhielt, entwickelte sich nicht über ein sehr frühes Embryonalstadium hinaus. Mit anderen Worten: Die Zellen in einem Mäuseembryo, der sich bereits in der Entwicklung befindet, verlieren augenscheinlich ihre Fähigkeit, vollständige neue Mäuse hervorzubringen.

In Wirklichkeit wollte man mit diesen und ähnlichen Experimenten herausfinden, wie aus einer einzigen Zelle ein ganzer Organismus hervorgehen kann. Allerdings setzten die Ergebnisse allzu kühnen Phantasien, etwa der Vorstellung, einen politischen Führer aus der Zelle seiner Nase klonen zu können, einen Dämpfer auf. Offenbar hat eine Zelle, die sich so spezialisiert hat, daß sie zum Teil der Nase geworden ist, längst ihre Fähigkeit verloren, irgend etwas anderes zu werden.

# Die geheimnisvolle Zahl Pi

Wenn der Durchmesser eines Kreises einen Meter beträgt, dann hat der Umfang dieses Kreises eine Länge von ungefähr 3,141592 Metern. Diese Zahl heißt »Pi« – in der Geometrie eine sehr geläufige Zahl und eine der geheimnisvollsten und bemerkenswertesten Zahlen überhaupt. Pi setzt den Umfang eines Kreises in Beziehung zu seinem Durchmesser.

Genauer muß es heißen, daß Pi *ungefähr* 3,141592 beträgt, denn Pi läßt sich nicht exakt ausdrücken. Die Ziffern hinter dem Dezimalkomma gehen endlos weiter; das wurde schon im 18. Jahrhundert bewiesen. Obwohl Mathematiker gezeigt haben, daß sich die Ziffern von Pi unendlich fortsetzen, weiß niemand genau, welche Ziffern es sind. Es gibt viele Formeln zur Berechnung der Dezimalziffern von Pi. Meist beruhen sie auf einfachen Rechenoperationen, die ein ums andere Mal wiederholt werden. Mit jeder Wiederholung kommen neue Ziffern hinzu. In einer neueren Berechnung durch einen Computer in Japan brachte Pi es auf mehr als zweihundert Millionen Stellen hinter dem Komma.

Noch eine weitere merkwürdige Eigenschaft hat die Zahl Pi: Soweit sich beurteilen läßt, stehen die Ziffern in vollkommen zufälliger Reihenfolge. Es gibt nur eine richtige Reihenfolge, aber die läßt kein Muster erkennen. Auf lange Sicht taucht jede Ziffer genauso häufig auf. Und es läßt sich beim besten Willen nicht vorhersagen, welche Ziffer an der zweihundertmillionenundersten Stelle nach dem Komma stehen wird, indem man sich die vorangehenden zweihundert Millionen Ziffern anschaut.

Der Zufallscharakter der Ziffernfolge und die Tatsache, daß sie sich endlos fortsetzt, führt zu einer weiteren überraschenden Schlußfolgerung: Jede Zahlenkombination, die man sich vorstellen kann – zum Beispiel die Nummer Ihres Personalausweises – wird sich irgendwo in der Zahl Pi wiederfinden, in der bereits bekannten Ziffernfolge oder in ihrer noch unbekannten Fortsetzung.

Und wenn Sie jedem Wort der deutschen Sprache eine Zahl zuordnen, dann liegt irgendwo, vermutlich Billionen und Aberbillionen von Stellen hinter dem Komma, die Ziffernfolge, die genau dem Buch entspricht, das Sie sich ausgesucht haben.

## Sprungfedern in Schnellrestaurants

Eine Cafeteria. Sie haben sich angestellt und kommen an einem Wagen aus rostfreiem Stahl vorbei, auf dem mehrere Stapel mit Tellern stehen. Wenn Sie einen Teller von einem dieser Stapel nehmen, bewegen sich die anderen Teller des Stapels nach oben, bis der oberste Teller dieselbe Höhe erreicht hat wie der Teller, den Sie gerade genommen haben! Unter jedem Tellerstapel befindet sich eine Sprungfeder, deren Spannung so ausgerichtet ist, daß sich der oberste Teller stets mit dem oberen Rand des Wagens auf einer Höhe befindet. Wenn die Spannung stimmt, klappt das immer.

Diese Tellerspender für Schnellrestaurants nutzen eine allgemeine Eigenschaft von Sprungfedern sehr geschickt aus: Wenn Sie mit doppelter Kraft auf eine Sprungfeder einwirken, wird sie sich doppelt so weit ausdehnen oder zusammenziehen. Von zwanzig Tellern wird die Sprungfeder doppelt so stark zusammengedrückt wie von zehn Tellern.

Diese Eigenschaft von Sprungfedern hat der englische Physiker Robert Hooke vor rund dreihundert Jahren entdeckt. Damals schrieb er: »Wie die Spannung, so die Kraft.« Hooke stellte fest, daß dieses Prinzip überall dort wirksam ist, wo die Funktion von Geräten auf elastischen Stoffen beruht, also bei Federwaagen, beim Bogenschießen, bei Uhren und den schwingenden Teilen von Musikinstrumenten.

Im 20. Jahrhundert haben wir herausgefunden, daß das »Hookesche Gesetz« auf den Kräften beruht, die zwischen den Atomen fester Stoffe wirken. Wenn zwei Atome in einem Metall auseinandergezerrt werden, so ziehen sie einander an. Entfernt man die Atome noch weiter voneinander, wächst die Kraft zwischen ihnen entsprechend an. Das gilt, solange man die Atome nicht zu weit voneinander entfernt.

Dank dieser allgegenwärtigen Beziehung zwischen Atomen reagieren fast alle Sprungfedern mit doppelter Kompression oder Ausdehnung, wenn man mit doppelter Kraft auf sie einwirkt. Und deshalb halten auch die Tellerspender in Selbstbedienungsrestaurants den obersten Teller stets auf der Höhe des oberen Wagenrands, egal wie viele Teller sich auf dem Stapel befinden.

## Glühwürmchensignale

Das Leuchten von Glühwürmchen (eigentlich Leuchtkäfern) ist ein Paarungssignal. Männliche Glühwürmchen kreisen in der Abendluft und lassen ihre Leuchtorgane in einem für ihre Art charakteristischen Rhythmus aufleuchten. So suchen sie nach Weibchen ihrer Art.

Die Männchen einiger Arten produzieren ein sanftes Glühen, das mehrere Sekunden zu sehen ist, andere lassen ihr Licht mehr als vierzigmal pro Sekunde aufflackern. Es gibt über hundert verschiedene Arten von Glühwürmchen, und jede hat ihr eigenes männliches Leuchtsignal.

Nach Sonnenuntergang kommt das weibliche Glühwürmchen aus seinem Unterschlupf und wartet am Boden. Wenn es das Leuchten eines Männchens seiner Art wahrnimmt, sendet es ein charakteristisches weibliches Signal zurück. Ihre Lichtsignale austauschend, finden Männchen und Weibchen zueinander und paaren sich. Dann kehrt das Weibchen in seinen Unterschlupf zurück, und das Männchen erhebt sich wieder in die Lüfte.

Manchmal allerdings kann das Männchen nicht mehr davonfliegen, weil es vom Weibchen gefressen wird. Weibliche Glühwürmchen bestimmter Arten fressen männliche Glühwürmchen anderer Arten. Sie locken diese Männchen an, indem sie auf deren Leuchtsignal mit einer Nachahmung des arttypischen weiblichen Signals antworten. Manche dieser hinterhältigen Insektendamen verfügen über ein Repertoire von fünf oder mehr unterschiedlichen Leuchtsignalen.

So sieht sich das männliche Glühwürmchen jedesmal, wenn es ein weibliches Antwortsignal erblickt, vor eine Entscheidung gestellt, in der es um Leben und Tod geht: Entweder es zögert und verpaßt damit möglicherweise seine Chance, so daß sich ein anderes Männchen seiner Art mit dem Weibchen paaren kann, oder es faßt sich ein Herz und riskiert, bei lebendigem Leib verspeist zu werden.

## Fata Morganen

An einem heißen, sonnigen Tag scheint die Straße in der Ferne mit Wasser bedeckt zu sein. Die Straße spiegelt das Himmelsblau wider. Doch wenn Sie näher kommen, ist die Fata Morgana verschwunden.

Ihnen ist natürlich klar, daß da nie Wasser gewesen ist. Doch die Erscheinung war durchaus realistisch; was Sie gesehen haben, sah genauso aus wie Licht, das von einer Pfütze reflektiert wird. Und was die Lichtreflexion angeht, so hätte durchaus Wasser auf der Straße gewesen sein können.

Der Straßenbelag, der in der Sonne schmort, ist heiß. Dadurch erwärmt sich die Luft unmittelbar über der Straße weit stärker als die Luft in höheren Schichten. Ein paar Zentimeter über dem Pflaster liegt eine Grenze zwischen warmer und kühlerer Luft – eine Grenzfläche, die Licht genauso reflektiert wie eine Wasseroberfläche.

Licht kann von jeder Grenzfläche zwischen zwei transparenten Medien reflektiert werden. Nehmen wir beispielsweise die Grenze zwischen Luft und Wasser. Wenn Sie auf die gegenüberliegende Seite eines ruhigen Sees schauen, sehen Sie Bäume und Berge, die sich wunderbar oben an der Wasserfläche spiegeln.

Aber auch von der Unterseite der Wasseroberfläche kann Licht reflektiert werden. Wenn Sie in einem Swimmingpool unter Wasser mit einer Taucherbrille, die Sie die Dinge klar erkennen läßt, schräg nach oben sehen, werden Sie bei ruhigem Wasser an der Unterseite der Wasseroberfläche ein Spiegelbild wahrnehmen.

Also kann Licht an beiden Seiten der Grenzfläche zwischen zwei transparenten Medien reflektiert werden. Am besten ist die Reflexion, wenn das Licht im Glanzwinkel auf die Grenzfläche trifft.

Zurück zur Straße: Die Grenze zwischen der heißen Luft in Straßennähe und der kühleren Luft ein paar Zentimeter darüber reflektiert das Licht genauso wie eine Wasseroberfläche. Aus der Ferne können Sie, wenn Ihr Blick im Glanzwinkel auf die Straße trifft, schwer entscheiden, ob Sie Wasser sehen oder nur die Reflexion an der Oberfläche einer heißen Luftschicht – eben eine Fata Morgana.

## Gelbsehen

Warum sieht eine Mischung aus rotem und grünem Licht gelb aus?

Stellen Sie sich die Farben des Regenbogens vor. Da gibt es ein kontinuierliches Farbspektrum – von Rot über Orange, Gelb, Grün und Blau bis hin zu Violett.

Die Netzhautzellen, die für unsere Farbwahrnehmung verantwortlich sind, kommen nur in drei verschiedenen Arten vor. Jede Zellart spricht auf einen ziemlich großen Abschnitt dieses Regenbogens an – ein relativ großes Farbspektrum –, wobei jede Art in einer bestimmten Region eine besondere Empfindlichkeit zeigt. In jeder Zelle wird ein Signal erzeugt, das der Gesamtmenge des entdeckten Lichtes entspricht. Nerven und Gehirn verbinden diese Signale zu Farbwahrnehmungen.

An der Wahrnehmung der Farbe Gelb sind zwei dieser Zellarten beteiligt. Die höchste Sensibilität der einen Zellart liegt im grünen Abschnitt des Spektrums, mit geringerer Empfindlichkeit für die Farben in den angrenzenden Abschnitten, und die andere hat ihre höchste Empfindlichkeit weiter zum roten Spektralabschnitt hin.

Nehmen wir an, Licht aus dem rein gelben Spektralbereich erreicht Ihr Auge. Es gibt keine Farbrezeptoren, deren höchste Empfindlichkeit im gelben Spektrum liegt. Doch gelbes Licht stimuliert die grünempfindlichen Zellen sowie die rotempfindlichen Zellen ein wenig. Die Signale dieser Zellen verbinden unsere Nerven zur Gelbwahrnehmung.

Wenn eine Mischung aus rotem und grünem Licht auf unsere Netzhaut trifft, dann hat das, soweit es unser Sehsystem betrifft, die gleiche Wirkung wie Gelb. Abermals werden die rotempfindlichen und die grünempfindlichen Zellen stimuliert, und abermals werden die Signale miteinander verbunden. Und erneut empfangen wir den Eindruck von Gelb.

Dieses einfache Schema zeigt, daß sich in unserem Auge zwei farbempfindliche Zelltypen die Aufgabe teilen, das wahrzunehmen, was wir gewöhnlich gelbes Licht nennen. Gleichgültig, ob auf diese beiden Zellarten rein gelbes Licht oder eine Mischung aus rotem und grünem Licht einwirkt, am Ende erzeugt das Auge die gleichen Nervensignale.

Wenn alle anderen Bedingungen gleich sind, kann unser Auge nicht zwischen gelbem Licht und einer Mischung aus rotem und grünem Licht unterscheiden.

## Warum Baumwolle knittert

Eine kühle, trockene Baumwollfaser schnellt in ihre Ausgangslage zurück, wenn man sie verbiegt, eine warme, feuchte Faser nicht. Die entscheidenden Faktoren sind also Temperatur und Feuchtigkeit.

Beschäftigen wir uns zunächst mit der Temperatur.

Wie viele andere Stoffe schnellt die Baumwollfaser zurück, solange sie unter einer bestimmten Übergangstemperatur bleibt – der Temperatur, bei der die Faser ihre Elastizität verliert. Die Temperatur, bei der sich der Übergang zwischen Elastizität und Nicht-Elastizität vollzieht, ist ein besonderes Merkmal des Materials. Für trockene Baumwolle liegt sie bei etwa 50°C. Das heißt, trockene Baumwolle bleibt bei Temperaturen unter 50°C elastisch, während sie über 50°C jede Form beibehält, die man ihr verleiht.

Nun zur Rolle der Feuchtigkeit.

Wasser, das von Baumwollfasern aufgesogen wird, senkt die Übergangstemperatur. Mit anderen Worten: Feuchte Baumwolle verliert ihre Elastizität bei niedrigeren Temperaturen als trockene Baumwolle.

Nehmen wir an, das Wetter ist warm und Sie tragen ein Baumwollshirt oder eine Baumwollbluse. Sie sitzen in einem Stuhl und lehnen sich zurück. Der Schweiß senkt die Übergangstemperatur des Stoffes auf 20°C. Ihre Haut ist wärmer als diese 20°C, folglich reicht die Wärme Ihrer Haut aus, um die Baumwolle in einen nicht-elastischen Zustand zu versetzen. Ihr Gewicht drückt auf die Baumwolle, so daß sie eine neue Form annimmt: Sie knittert. Wenn Sie aufstehen und die Baumwolle abkühlt, trocknet sie und nimmt wieder den elastischen Zustand an – dieses Mal in zerknitterter Form.

Die Baumwolle bewahrt ihre zerknitterte Gestalt, bis Sie sie wieder glatt bügeln, vielleicht mit einem Dampfbügeleisen. Der Dampf senkt die Übergangstemperatur der Baumwolle auf eine Temperatur ab, die sehr viel geringer ist als die Betriebstemperatur des Bügeleisens. Deshalb kann das Eisen den Stoff in eine neue glatte Form pressen.

## DNS, auf frischer Tat ertappt

DNS, Desoxyribonukleinsäure, ist das berühmte Molekül, das die genetische Information trägt. Es hat die Form eines Fadens, der sich in zwei Strängen zu einer Doppelhelix verdreht.

Jedesmal wenn sich eine Zelle teilt, kopiert sich die DNS in ihrem Inneren selbst. Die Stränge der Doppelhelix lösen sich voneinander. Jeder Strang dient als Matrize für die Herstellung einer Kopie, die aus den Rohstoffen in der Nachbarschaft zusammengesetzt wird. Am Ende gibt es zwei identische DNS-Moleküle, wo vorher nur eines war. Auf diese Weise wird genetische Information weitergereicht.

1962 hat der englische Biologe John Cairns diesen für das Leben auf der Erde so außerordentlich wichtigen Verdopplungsprozeß – Replikation, sagen die Biologen – fotografiert. Sein Untersuchungsgegenstand waren Darmbakterien.

Die Methode sieht folgendermaßen aus: Man füttere die Bakterien mit radioaktiven Stoffen, die sie in ihre DNS einbauen. Dann lasse man die Bakterien eine Zeitlang in Ruhe. Danach entfernt man ihre DNS, breitet sie auf einem Glasplättchen aus und bedeckt das Glas mit einer Fotoemulsion. Überall dort, wo die DNS etwas von dem radioaktiven Material aufgenommen hat, hinterläßt sie eine Spur auf der Emulsion. Wenn man die Emulsion nun entwickelt und unter dem Mikroskop betrachtet, sollte man in der Lage sein, die fotografischen Abbilder zu entdecken, die die radioaktiven DNS-Moleküle hervorgerufen haben.

Das Experiment war technisch sehr schwierig, klappte aber. Cairns Bilder aus dem Jahre 1962 zeigten Gebilde, die wie Schleifen aus schwarzem Garn aussahen – das waren die DNS-Moleküle. Und an einigen Stellen hatte sich das Garn in zwei einzelne Stränge geteilt. Dort war die DNS mit dem wichtigen Vorgang der Selbstverdopplung beschäftigt. Der Prozeß, der die Erbinformation von einer Generation an die nächste übermittelt, war sichtbar gemacht worden.

# Newtons Regenbogen

Im 17. Jahrhundert hat der englische Physiker Isaac Newton einen Raum verdunkelt, indem er alle Fenster verhängte. Dann schnitt er ein kleines Loch in einen der Vorhänge, so daß ein dünner Sonnenstrahl hereindrang.

In den Sonnenstrahl hielt er ein dreieckiges Prisma aus massivem Glas. Das Prisma brach den Sonnenstrahl und projizierte ihn auf die entgegengesetzte Wand des Raumes, etwa sechseinhalb Meter entfernt. Dort, wo der Strahl auf die Wand traf, zeichnete er ein längliches Muster, das alle Farben des Regenbogens enthielt – ein Spektrum.

Die Entdeckung war nicht neu: Wenn Sonnenlicht in ein Prisma fällt, kommen Farben heraus. Aber wie? Und warum?

Zu Newtons Zeit nahm man weithin an, das Prisma erzeuge die Farben, indem es das weiße Licht verändere. Newton fand eine andere Erklärung. Er vermutete, die Farben des Regenbogens seien alle in dem ursprünglichen weißen Licht enthalten, und zwar miteinander vermischt. Das Prisma trenne sie voneinander. Heute wissen wir, daß Newton recht hatte, doch er mußte noch viele Überlegungen und Experimente anstellen, um sich selbst zu überzeugen.

Wenn das Prisma das weiße Licht tatsächlich zerlege, so schlußfolgerte Newton beispielsweise, dann müsse es möglich sein, die Farben wieder zusammenzufügen und auf diese Weise wieder weißes Licht zu erzeugen. In einem seiner einfacheren Versuche projizierte er drei Spektren auf die Wand, und zwar so, daß sie sich teilweise überschnitten und die Farben sich mischten. Das Ergebnis war weißes Licht, rekonstruiert aus den Farben des Regenbogens.

Also hat Isaac Newton vor drei Jahrhunderten weit mehr geleistet, als nur die Farben des Spektrums zu betrachten. Er schlug eine neue Farbentheorie vor und überprüfte sie in Experimenten. Dabei gelang es ihm nicht nur, weißes Licht zu zerlegen, sondern auch, es wieder zusammenzusetzen.

# Das elastische Lineal

Von allen in diesem Buch beschriebenen Heimexperimenten ist das folgende vielleicht das einfachste. Alles was Sie brauchen, ist ein Lineal und ein Kochtopf voll Wasser.

Halten Sie das Lineal senkrecht, und führen Sie es auf der von Ihnen abgekehrten Seite des Kochtopfes ins Wasser. Setzen Sie sich so, daß sich Ihre Augen etwas über dem Wasserspiegel befinden, und betrachten Sie das Lineal. Der eingetauchte Teil des Lineals sieht kürzer aus als der Teil über Wasser. Sie werden feststellen, daß sich dieser Effekt um so stärker ausprägt, je näher Sie die Augen an die Wasseroberfläche bringen.

Versuchen Sie jetzt folgendes: Bleiben Sie mit den Augen ein wenig über der Wasseroberfläche und ziehen Sie das Lineal langsam aus dem Wasser. Das Lineal scheint länger zu werden, während Sie es aus dem Wasser ziehen. Und umgekehrt klappt es natürlich auch: Tauchen Sie das Lineal wieder ein, und es scheint zu schrumpfen.

Wir haben es hier mit einem bekannten physikalischen Prinzip zu tun: Immer wenn Licht schräg von einem durchsichtigen Medium in ein anderes übertritt, wird es gebeugt.

Versuchen Sie in Ihrer Vorstellung den Lichtstrahlen zu folgen, wie sie das untere Ende des Lineals verlassen und sich auf den Weg zu Ihrem Auge machen. Sie beginnen mit einem steilen Winkel nach oben – sagen wir von fünfundvierzig Grad –, und werden zur Waagerechten hin gebeugt, wenn sie das Wasser verlassen. Durch die Luft bewegen sich die Lichtstrahlen also in einem flachen Winkel, der der Horizontalen sehr viel weiter angenähert ist. Lichtstrahlen, die in diesem flachen Winkel auf Ihr Auge treffen, scheinen von einem Punkt direkt unter der Oberfläche des Wassers zu kommen.

# Ein Geheimnis entkorken

Im 17. Jahrhundert zeigte sich der englische Physiker Robert Hooke sehr interessiert an den bemerkenswerten Eigenschaften von Kork – seiner Schwimmfähigkeit, seiner Elastizität, seiner Brauchbarkeit für Flaschenverschlüsse. Die Struktur von Kork untersuchte er mit einem neuen wissenschaftlichen Instrument, von dem er restlos begeistert war: dem Mikroskop.

Mit einem Taschenmesser schnitt Hooke eine dünne Scheibe Kork ab, legte sie unter das Mikroskop, bündelte mit einer dicken Linse Sonnenstrahlen darauf und blickte durch das Okular. Was er entdeckte, sah aus wie eine Honigwabe. Der Kork war voller kleiner Hohlräume, die durch dünne Wände voneinander abgetrennt waren. Er nannte sie »Poren« oder »Zellen«. Nach seiner Schätzung wies jeder Kubikzentimeter Kork etwa zweihundert Millionen solcher Zellen auf.

Damit hatte Hooke die Mikrostruktur des Korks entdeckt. Und er gelangte zu dem Schluß, daß diese Struktur des Korks seine mikroskopischen Eigenschaften erkläre.

Kork schwimmt, so überlegte Hooke, weil in den Zellen Luft eingeschlossen ist. Diese Luft dehnt sich wieder aus, wenn man sie zusammendrückt, und deshalb ist Kork elastisch. Die Elastizität und die Tatsache, daß die einzelnen Zellen voneinander getrennt sind, erklären wiederum, warum sich Kork so gut zum Verschließen von Flaschen eignet.

Hookes Beobachtungen erklärten nicht nur die Eigenschaften von Kork, sondern legten auch die Vermutung nahe, daß jedes lebende Gewebe aus kleineren Bausteinen bestehen könnte.

Natürlich haben sich unsere Vorstellungen von diesen Bausteinen seit Hookes Zeiten verändert. Heute wissen wir, daß Hooke tote Wände entdeckt hatte, die von lebenden Zellen gebildet wurden, als der Kork noch zum Baum gehörte. Doch das Wort »Zelle« verwenden wir noch immer, und dieser Wortgebrauch läßt sich bis zu den mikroskopischen Untersuchungen zurückverfolgen, die Robert Hooke vor mehr als dreihundert Jahren am Kork vorgenommen hat.

# Psychologische Buchführung

Hier sind zwei fiktive Situationen, in denen Geld eine Rolle spielt. Wie würden Sie sich in diesen Situationen entscheiden?

Stellen Sie sich zunächst vor, Sie hätten sich entschlossen, ein Theaterstück zu sehen, dessen Eintritt zwanzig Mark pro Karte beträgt. Beim Betreten des Theaters bemerken Sie, daß Sie einen Zwanzigmarkschein verloren haben. Nehmen wir an, Sie haben noch genügend Geld bei sich, würden Sie unter diesen Umständen weitere zwanzig Mark für eine Theaterkarte ausgeben?

Als ein Psychologe diese Frage mehr als 180 Leuten stellte, erklärten die meisten – 88 Prozent –, sie würden ganz gewiß auch dann noch eine Karte für zwanzig Mark kaufen.

In der zweiten Situation haben Sie die Karte für zwanzig Mark bereits gekauft. Doch als Sie das Theater betreten, entdecken Sie, daß Sie die Karte verloren haben. Würden Sie weitere zwanzig Mark für eine neue Eintrittskarte anlegen?

Als man ein paar hundert Leuten diese Frage stellte, antworteten nur 46 Prozent, sie würden noch einmal zwanzig Mark für eine zweite Karte ausgeben.

In beiden Situationen bezahlen Sie am Ende vierzig Mark statt zwanzig, um das Stück zu sehen. Die unterschiedlichen Antworten der Befragten scheinen auf eine Art psychologische Buchführung zurückzugehen. Im ersten Fall werden das verlorene Geld und die Kosten für die Eintrittskarte offenbar auf verschiedenen Konten verbucht. Der Verlust des Zwanzigmarkscheins scheint keinen besonderen Einfluß auf die Entscheidung zu haben, eine Theaterkarte zu kaufen. Im zweiten Fall ist der verlorene Gegenstand die Karte selbst. Die Kosten für die neue und die Kosten für die alte Karte werden auf demselben psychologischen Konto geführt. Infolgedessen belaufen sich die Gesamtkosten auf vierzig Mark, und die erschienen vielen Befragten als übertrieben.

Aus diesem Experiment geht hervor, daß unsere Entscheidungen nicht nur davon abhängen, welche Information wir haben, sondern auch, wie wir sie organisieren. Wenn wir eine Frage von zwei verschiedenen Seiten betrachten, gelangen wir unter Umständen auch zu zwei verschiedenen Antworten.

## Die Farbe liegt im Auge des Betrachters

Schwarz und Weiß plus Schwarz und Rot rufen ein vollkommen farbiges Bild hervor, denn die Farbe ist bereits im Auge des Betrachters. Das hat schon in den fünfziger Jahren unseres Jahrhunderts der Ingenieur Edwin Land bewiesen, den wir auch als Gründer des Polaroid-Unternehmens kennen.

Lands Verfahren ist denkbar einfach: Man nehme ein buntes Motiv – sagen wir, eine Vase mit Blumen – zweimal auf einem Schwarzweißfilm auf, allerdings mit einem kleinen Unterschied. Bei der einen Aufnahme benutzt man eine rote, bei der anderen eine grüne Vorsatzlinse. Wenn man diese beiden Dias mit zwei Projektoren übereinander auf die Wand wirft, ergeben sie ein einziges Schwarzweißbild.

Hält man jetzt ein rotes Stück Glas vor den Projektor, dessen Bild ursprünglich durch die rote Linse aufgenommen wurde, so könnte man glauben, es entstünde auf der Wand ein rotes Bild. Doch überraschenderweise weist das Bild an der Wand nahezu alle existierenden Farben auf, einschließlich Blau und Grün – obwohl weder blaues noch grünes Licht auf die Wand fällt. Ein Schwarzweißbild und ein schwarzrotes Bild ergeben also ein Bild mit allen Farben!

Dieses und ähnliche Experimente zeigen, daß unsere Lichtwahrnehmung vom Kontext abhängt. Unser Sehsystem ordnet den Gegenständen auf einem Bild Farben zu. Dabei richtet es sich nach den Unterschieden, die das von einzelnen Bildabschnitten eintreffende Licht aufweist.

So hat Edwin Land in den fünfziger Jahren nachgewiesen, daß Farbigkeit in Wirklichkeit keine Eigenschaft des Lichtes selbst ist. Vielmehr liegt die Farbe im Auge des Betrachters; sie ist ein Empfinden, das unser Sehsystem erschafft. Aus dem Licht, das gerade zur Verfügung steht, machen unsere Augen eine bunte Welt.

# Wein und Leben

Die Hefe aus gepreßten Trauben verwandelt durch einen Gärprozeß Traubensaft in Wein. Der Zucker im Saft wird zu Kohlendioxyd und Äthylalkohol.

Wie macht die Hefe das?

Vor hundert Jahren dachten noch viele Wissenschaftler, dafür sei eine »Lebenskraft« verantwortlich, die nur in lebenden Organismen wie Hefezellen vorkomme. Nach dieser »vitalistischen« Auffassung sind Gärprozesse untrennbar mit dem Leben verbunden. Andere Wissenschaftler mochten sich dieser Theorie nicht anschließen und nahmen statt dessen an, daß sich alle Prozesse in lebenden Organismen grundsätzlich durch die gleichen physikalischen und chemischen Gesetze erklären lassen, die das Verhalten nicht-lebender Objekte beschreiben.

Ein ganz wichtiges Experiment hat 1896 der deutsche Chemiker Eduard Buchner durchgeführt. Er vermischte Hefe mit Sand und Kieselgur, zerkleinerte die Mischung mit Mörser und Stößel, füllte sie in eine hydraulische Presse, zermahlte sie unter extrem hohem Druck und preßte schließlich eine Flüssigkeit heraus, die ein Teil der Hefezellen gewesen war.

Als Buchner in diese Flüssigkeit Zucker tat, verwandelte er sich unter Bildung von Gasbläschen in Alkohol: Die Gärung fand auch ohne Hefe statt. Damit hatte Buchner gezeigt, daß die Gärung nicht durch die in der Hefe vermutete Lebenskraft hervorgerufen wurde, sondern durch einen chemischen Stoff, ein Enzym, das den Prozeß auch in einem Reagenzglas ohne Hilfe anderer Faktoren erzeugen kann.

Eduard Buchner hatte einen neuen Forschungsbereich entdeckt: die Biochemie. Er war ein entschiedener Gegner des »Vitalismus« – der Auffassung, daß sich die Chemie des Lebens unserer Erkenntnis entziehe. Der Nachweis, daß Gärung ohne lebende Zellen möglich ist, brachte ihm 1907 überdies den Nobelpreis für Chemie ein. Seit Buchner hat sich in der biologischen Forschung die Erkenntnis durchgesetzt, daß die physikalischen und chemischen Gesetze für lebende wie tote Untersuchungsgegenstände gleichermaßen gelten.

## Der richtige Punkt auf einem Baseballschläger

Man kann den Ball richtig und falsch treffen. Trifft man ihn mit der falschen Stelle des Schlägers, brennen einem die Hände, und der Schläger kann zerbrechen. Trifft man den Ball hingegen mit dem richtigen Punkt des Schlägers, wird man fast zu einer Einheit mit dem Ball – keine Schmerzen in den Händen, keine Schwingung, kein zerbrochener Schläger.

Jeder Schläger hat einen richtigen Punkt. Wo er sich befindet, hängt davon ab, wie der Schläger geformt ist, und wie Sie ihn halten. Finden können Sie diesen Punkt, indem Sie ihn mit der einen Hand wie beim Spiel ergreifen. Dann nehmen Sie einen Hammer in die andere Hand und klopfen damit vorsichtig den gesamten Schläger ab. An einer Stelle werden Sie beim Klopfen fast keine Schwingungen spüren. Das ist der richtige Punkt. Dort sollte Ihr Schläger den Ball erwischen.

Wenn Sie keinen Baseballschläger zur Hand haben, können Sie den richtigen Punkt auch auf einem Bleistift finden. Halten Sie den Bleistift locker zwischen zwei Fingern, und schlagen Sie ihn hart auf eine Tischkante. Probieren Sie so den ganzen Bleistift durch, vom äußersten Ende bis ganz in die Nähe Ihrer Finger. Sie werden einen Punkt finden, wo Ihre Finger beim Schlagen nicht brennen. Vermutlich werden Sie auch einen Unterschied im Ton hören, wenn Sie sich diesem Punkt nähern.

Jeder schwingende Gegenstand hat einen richtigen Punkt oder »Stoßpunkt«, wie Ingenieure ihn nennen. Ein guter Hammer oder eine Axt sind so konstruiert, daß Sie, wenn Sie das Werkzeug normal anfassen, den Nagel oder das Holz automatisch mit dem richtigen Punkt treffen. Das garantiert optimale Kraftumsetzung und Genauigkeit.

## Ein Bild ohne Linse

Stechen Sie mit einer Nadel ein Loch in die Mitte eines großen Stücks Pappe. Dieses Loch kann ein umgekehrtes Bild auf ein Stück weißes Papier projizieren.

Am einfachsten läßt sich der Effekt erzielen, wenn Sie sich an einem sonnigen Tag in einem Zimmer mit Fenster aufhalten. Stellen Sie sich an die Wand, die dem Fenster gegenüberliegt. Halten Sie die Karte mit dem Loch senkrecht ins Licht und ein Stück weißes Papier in den Schatten der Karte hinter das Loch. Das einfallende Licht wird ein auf dem Kopf stehendes Bild vom Fenster auf das weiße Papier werfen.

Wenn Sie mit dem weißen Papier näher an das Loch heranrücken, wird das Bild heller, aber auch kleiner. Vergrößern Sie das Loch mit Hilfe einer Bleistiftspitze, so erhalten Sie ein helleres und verschwommeneres Bild.

Um zu verstehen, wie es zu diesem Bild kommt, müssen Sie sich vorstellen, daß die Lichtstrahlen in geraden Linien von jedem Punkt des Fensters aus durch das Loch auf das Papier fallen. Weil das Loch so klein ist, erreicht nur ein kleiner Teil dieses Lichts das weiße Papier. So wird das vom Fenster eintreffende Licht zu einem Bild auf dem weißen Papier.

Aus dieser Überlegung geht auch hervor, daß das Licht vom oberen Teil des Fensters das Loch durchquert und dann zum unteren Ende des projizierten Bildes auf dem Papier gelangt. Deshalb steht das Bild auf dem Kopf.

Ein Bild mit Hilfe eines solchen Loches zu erzeugen, ist ein Kinderspiel. Allerdings finden wir diese Technik auch in der modernsten wissenschaftlichen Forschung wieder. Einige Objekte im All, unter anderem Supernovae und Schwarze Löcher, senden Röntgenstrahlen aus. Gewöhnliche Linsen und Spiegel können Röntgenstrahlen nicht bündeln, wohl aber ein winziges Loch. Viele Röntgenteleskope an Bord astronomischer Satelliten sind raffinierte Lochkameras, die auf dem gleichen Prinzip beruhen, das Sie soeben mit einem Stück Pappe demonstriert haben.

## Ein Glockenspiel, ausschließlich für Ihre Ohren

Für dieses Küchenexperiment benötigen Sie eine Gabel und einen Faden von ungefähr anderthalb Metern Länge. Wickeln Sie die Mitte des Fadens fest um die Gabel, und zwar an der dünnsten Stelle des Griffs. Nehmen Sie ein Ende des Fadens in jede Hand, und lassen Sie die Gabel in der Mitte herunterhängen. Drücken Sie die Enden des Fadens an Ihre Ohren, und lassen Sie die Gabel gegen eine Tischkante pendeln, so daß sie dort einmal anschlägt und wieder fortschwingt. Wenn die Gabel, die Sie dafür benutzen, aus Metall besteht und keine Nahtstelle oder Nieten besitzt, wird sie wie eine Glocke ertönen und einen überraschend lauten und klaren Ton erzeugen, der über den Faden Ihre Ohren erreicht.

Wenn Sie das gleiche versuchen, ohne den Faden an Ihre Ohren zu drücken, ist der Ton nicht annähernd so voll. Der Grund für die Lautstärke liegt darin, daß der straff gespannte Faden die Vibrationen der Gabel besser leitet als die Luft. Nehmen Sie den Faden von Ihren Ohren fort, und alles, was Sie zu hören bekommen, ist das, was die Luft Ihnen zuträgt.

Der volle Klang des Glockentones rührt daher, daß die Gabel dank ihrer Aufhängung frei schwingen kann – in vielen Frequenzen, die viele Töne zugleich erzeugen. Wenn Sie die Gabel in der Hand hielten, würde das Fleisch Ihrer Finger viele dieser Schwingungen dämpfen.

Versuchen Sie es jetzt mal mit zwei Gabeln oder einer Gabel und einem Löffel in der Mitte des Fadens. Lassen Sie das Besteck frei hängen, drücken Sie die Enden des Fadens auf Ihre Ohren, und lassen Sie es an der Tischkante anschlagen. Da sind von gewöhnlichem, einfachem Besteck Töne zu hören, die fast wie Kirchenglocken klingen.

## Nicht nur die Wärme ist schuld, sondern auch die Feuchtigkeit

Unser Körper erzeugt Wärme. Je aktiver wir sind, desto mehr Wärme erzeugen wir.

Um unsere innere Körpertemperatur auf einem gleichmäßigen Niveau zu halten, müssen wir diese Wärme abgeben. Tun wir es nicht, steigt unsere Körpertemperatur. Bei einer Körpertemperatur von 41 °C droht uns ein Hitzschlag – und bei 43 °C der Tod.

Wärme fließt immer von wärmerem zu kühlerem Material, niemals umgekehrt. Wenn die Luft in der Umgebung kälter ist als unsere Körpertemperatur, ist auch unsere Haut kälter als unsere innere Temperatur. Dadurch fließt die Wärme nach außen – so wie es erforderlich ist.

Nähert sich die Lufttemperatur der unseres Körpers an, so sind zusätzliche Maßnahmen erforderlich, um dafür zu sorgen, daß die Haut kühler bleibt als unsere Innentemperatur. Wir schwitzen.

Wenn wir schwitzen, sorgt die Energie, die sich als Wärme in unserer Haut befindet, für eine Trennung der Wassermoleküle und gibt sie an die Luft ab. Mit anderen Worten: Verdunstung kühlt unsere Haut; der lebenswichtige Unterschied zwischen Innen- und Außentemperatur ist wiederhergestellt, und die Wärme kann auch dann noch nach außen fließen, wenn die Lufttemperatur fast unserer Körpertemperatur entspricht.

Probleme bekommen wir, wenn die Luft nicht nur sehr warm, sondern auch feucht ist. Ist die Luft fast vollständig mit Wasserdampf gesättigt, so findet praktisch keine Verdunstung mehr statt, und kein Schwitzen kann uns die Haut mehr kühlen. Unser Körper kann keine Wärme mehr abgeben. Infolgedessen steigt unsere Körpertemperatur, besonders dann, wenn wir weiterhin viel innere Wärme erzeugen, etwa durch schwere Arbeit.

Große Anstrengung, hohe Temperatur und eine hohe relative Luftfeuchtigkeit sind eine gefährliche Mischung, die niemand lange aushalten kann.

## Leuchtstofflampen

In einer Glühlampe fließt elektrischer Strom durch einen Wolframfaden. In einer Leuchtstoffröhre fließt der Strom durch ein verdünntes Gas.

In diesem Gas ist eine geringe Menge Quecksilberdampf enthalten. Die Quecksilberatome nehmen aus dem elektrischen Strom zusätzliche Energie auf. Wenn sie diese Energie abgeben, geschieht es in Form von ultraviolettem Licht. Da dieses Licht für das menschliche Auge nicht sichtbar ist, besteht also der nächste Schritt darin, das ultraviolette in sichtbares Licht umzuwandeln.

Hier kommt die Fluoreszenz ins Spiel. Fluoreszierende Materialien – Leuchtstoffe – verwandeln eine Form des Lichts in eine andere. Das Innere einer Leuchtstoffröhre ist mit fluoreszierendem Phosphor ausgekleidet – einem Puder, der Energie in Form von ultraviolettem Licht aufnimmt und diese Energie als sichtbares Licht abgibt.

In einer Leuchtstofflampe wird also zunächst elektrische Energie durch Quecksilberatome in ultraviolettes Licht verwandelt und dieses dann durch fluoreszierenden Phosphor im Inneren der Lampe in sichtbares Licht umgeformt.

Leuchtstoffröhren arbeiten kalt. Gemessen an anderen Beleuchtungskörpern haben Leuchtstoffröhren einen sehr geringen Energieverlust: Sie verwandeln elektrische Energie in viel Licht und sehr wenig Wärme. Doch bevor der elektrische Strom in die Röhre gelangt, wird er durch ein sogenanntes »Vorschaltgerät« geleitet, eine Vorrichtung, die Stromschwankungen ausgleicht. Das Vorschaltgerät ist der bei weitem uneffizienteste Teil einer Leuchtstofflampe.

# Die Wahrheit über Bleichmittel

Die Wirkung von Bleichmitteln beruht nicht darauf, daß sie dem Gewebe etwas entziehen, sondern daß sie etwas verändern, was bereits vorhanden ist.

Nehmen wir beispielsweise einen Grapefruitfleck. Grapefruitsaft ist purpurrot, weil darin Moleküle sind, die purpurnes Licht reflektieren und nicht-purpurnes Licht absorbieren. Das nicht-purpurne Licht absorbieren diese Moleküle, weil zwischen ihren Atomen elektrische Bindungen bestehen, die genau die im nicht-purpurnen Licht enthaltenen Energiemengen speichern. Das Bleichmittel ordnet die Bindungen zwischen den Atomen so um, daß sie kein Licht mehr absorbieren. Dadurch werden die ehemals purpurnen Moleküle farblos.

Ein wichtiger Gesichtspunkt ist dabei die Beziehung zwischen der Energie und der Farbe des Lichtes. Welche Farben wir wahrnehmen, hängt weitgehend davon ab, wieviel Energie das Licht enthält. Verschiedene Energiemengen erscheinen als unterschiedliche Farben.

Ein weiterer wichtiger Gesichtspunkt ist die Tatsache, daß Moleküle aus Atomen bestehen, zwischen denen elektrische Bindungen bestehen. Sagt man, daß ein Molekül Licht absorbiert, so heißt das, daß ein Molekül die ihm im Licht zugetragene Energie speichert. Die elektrischen Bindungen sind Speicherbatterien. Unterschiedliche Verbindungen können unterschiedliche Energiemengen aufnehmen. Folglich absorbieren unterschiedliche Bindungen auch unterschiedliche Farben. Verändert man die Bindungen zwischen den Atomen, so verändert man auch die Farbe des Moleküls.

Die Wirkungsweise des Bleichmittels beruht also darauf, daß es die Bindungen zwischen den Atomen verändert, woraufhin das ehemals farbige Molekül keine Energie mehr aus dem Licht absorbiert. Die Substanz, die den Fleck verursacht hat, ist nach wie vor im Stoff – das Bleichmittel hat sie lediglich unsichtbar gemacht.

## Kohlenstoff-Datierung

Wenn ein Gegenstand pflanzliches oder tierisches Material irgendwelcher Art enthält – beispielsweise Baumwolle, Wolle oder Leder – läßt sich mit Hilfe der Kohlenstoffmethode das Alter des betreffenden Gegenstandes bestimmen.

Manchmal prallen subatomare Teilchen aus dem All mit Stickstoffatomen in der Erdatmosphäre zusammen. Dieser Aufprall verwandelt die Stickstoffatome in sogenannte »Kohlenstoff-14-Atome«. Ein bestimmter, sehr geringer Prozentsatz aller Kohlenstoffatome auf unserem Planeten sind Kohlenstoff-14-Atome. Sie unterscheiden sich kaum von gewöhnlichen Kohlenstoffatomen, sind aber instabil: Früher oder später verwandelt sich jedes Kohlenstoff-14-Atom in Stickstoff zurück. Es dauert ungefähr sechstausend Jahre, bis sich die Hälfte aller Kohlenstoff-14-Atome eines beliebigen Gegenstandes wieder in Stickstoff verwandelt haben.

Pflanzen und Tiere nehmen im Laufe ihres Lebens Kohlenstoff, auch Kohlenstoff 14, aus ihrer Umwelt auf. Pflanzen holen ihn sich aus dem Kohlendioxyd der Luft, Tiere, indem sie die Pflanzen fressen. Doch wenn eine Pflanze oder ein Tier stirbt, nimmt es keinen Kohlenstoff mehr auf. In einem toten Körper bleibt die Menge des gewöhnlichen Kohlenstoffs unverändert, während der Kohlenstoff 14 allmählich verschwindet – er verwandelt sich fortlaufend in Stickstoff.

Wenn man also das Alter eines Gegenstandes mit der Kohlenstoff-14- (oder C-14-)Methode bestimmt, so mißt man die Gesamtmenge Kohlenstoff in dem Gegenstand und ermittelt dann den Anteil von Kohlenstoff 14. Je weniger Kohlenstoff 14 vorhanden ist, desto länger liegt der Tod der Pflanze oder des Tieres zurück, aus dem der Gegenstand entstand.

Am besten lassen sich mit der Kohlenstoffmethode Gegenstände datieren, die jünger als etwa fünfzigtausend Jahre sind. Für unbelebte Gegenstände, die Millionen oder Milliarden Jahre alt sind, gibt es Datierungsmethoden, die andere instabile Atome verwenden.

## Seifenblasen und Schmetterlingsflügel

Man kann sich die Lichtwellen, die sich im Raum ausbreiten, wie Wasserwellen auf einem Teich vorstellen. Licht nimmt verschiedene Wellenlängen an – unterschiedliche Abstände von einem Wellenkamm zum nächsten. Für uns bedeuten die verschiedenen Wellenlängen, daß wir unterschiedliche Farben wahrnehmen.

Das sind ein paar abstrakte, aber grundlegende Gedanken zum Licht. Doch wir können diese Vorgänge auch in der Praxis beobachten.

Mischen Sie in einer flachen Schüssel eine Seifenlauge an. Nehmen Sie eine Kaffeetasse, tauchen Sie sie mit der Öffnung nach unten in das Seifenwasser, und nehmen Sie sie vorsichtig wieder heraus. In der Öffnung hat sich vermutlich ein dünner Seifenblasenfilm gebildet.

Drehen Sie die Tasse jetzt zur Seite, so daß der Seifenfilm senkrecht ist und Sie die Reflexion eines hellen Lichts darauf erkennen – etwa das des Himmels. Nach einigen Sekunden können Sie am oberen Blasenende Farbstreifen sehen, die langsam nach unten wandern.

Das Seifenwasser hat keine eigene Färbung. Für die Farben verantwortlich ist die Dicke der Seifenblase. Überall, wo der Seifenfilm dick genug ist, um allen Wellen des, sagen wir, roten Lichts Platz zu bieten, wird rotes Licht in Ihr Auge geworfen, weil sich die Wellen des roten Lichts, die von der Blasenrückseite reflektiert werden, genau im Einklang mit den Rotlichtwellen befinden, die von der Vorderseite der Blase zurückgeworfen werden. Gleiches gilt für andere Farben. Dort, wo sich die Stärke des Seifenfilms verändert, verändern sich auch die Farben.

Der gleiche Prozeß läßt Farben in Ölflecken erscheinen, die auf dem Wasser schwimmen. Auch die meisten blauen Farben in Vogelfedern und Schmetterlingsflügeln entstehen auf diese Weise – nicht durch Farbstoffe, sondern durch Lichtreflexion zu beiden Seiten eines dünnen Films.

## Der Energie auf der Spur

1841 fuhr der deutsche Mediziner Julius Mayer als Arzt auf einem holländischen Handelsschiff nach Indonesien. Als er europäische Matrosen auf Java behandelte, überraschte ihn die Farbe ihres Blutes. Er verordnete ihnen nämlich Aderlasse, wie es die Ärzte des 19. Jahrhunderts oft taten. Dabei bemerkte er, daß das Blut aus den Venen dieser Matrosen von hellerem Rot war als gewöhnlich – fast ebenso rot wie das Blut der Arterien.

Als Mayer dies sah, gelangte er zu der kühnen Vermutung, daß die Matrosen weniger Blutsauerstoff verbrauchten, weil sie nicht an das heiße, tropische Klima gewöhnt waren. Zu dieser Zeit entdeckte man in der Medizin gerade, daß die Körperwärme wohl aus der langsamen Verbrennung von Nahrung und Sauerstoff resultiert. Mayer nahm an, die Matrosen würden so viel Wärme von außen aufnehmen, daß sie im Inneren weniger Wärme erzeugen müßten und deshalb weniger Sauerstoff aus ihrem Blut verbrauchten.

Diese Beobachtung brachte Mayer zu dem Schluß, daß Energie – er nannte sie »Kraft« – nie geschaffen und nie zerstört wird, sondern lediglich von einer Form in die andere übergeht. Das alles drückte Julius Mayer recht verschwommen aus, und es war in den vierziger Jahren des vorigen Jahrhunderts auch kaum zu beweisen. Doch seine Vermutungen trugen zu einer Idee bei – dem Satz von der Erhaltung der Energie –, die heute zu den Grundlagen der Naturwissenschaft gehört.

Inzwischen wissen wir beispielsweise, daß Kernenergie von der Sonne in Form von Licht zur Erde gelangt. Pflanzen speichern sie als chemische Energie; Tiere, wir eingeschlossen, fressen die Pflanzen und wandeln die gespeicherte chemische Energie in Bewegungs- und Wärmeenergie um.

An jedem Punkt dieses Prozesses müssen sich zugeführte und abgegebene Energie genau die Waage halten, wie auf einem ausgeglichenen Bankkonto. Energie ist eine Art von allgemeingültiger Währung. Heute erklären wir alle Geschehnisse in der Natur mit der Umwandlung von einer Energieform in eine andere.

# Warum Ventilatorflügel staubig bleiben

Wenn Sie Ihren Ventilator für einen Moment ausstellen, können Sie feinen Staub auf seinen Flügeln sehen. Merkwürdig – wenn der Ventilator in Betrieb ist, sind die Flügel Stunde um Stunde im Luftzug. Trotzdem wird der Staub nicht weggeblasen.

Betrachten Sie den Staub auf den Ventilatorflügeln und Sie sehen ein Beispiel für einen der komplexesten Prozesse in der Natur: Luft, die über die Oberfläche eines festen Körpers streicht. Um diesen Prozeß im einzelnen zu erfassen, sind die schnellsten Supercomputer erforderlich, die es gibt. Im großen und ganzen aber findet folgendes statt:

Nehmen wir an, Sie könnten sich so klein machen, daß Sie auf einem der rotierenden Ventilatorflügel Platz fänden. Sie würden einen starken Fahrtwind spüren – wie in einem offenen Kabriolett. Doch da wäre noch ein merkwürdiger und rätselhafter Umstand: Je kleiner Sie werden und je näher Sie an die Flügeloberfläche rücken, desto weniger Wind spüren Sie. Den Bruchteil eines Millimeters von der Flügeloberfläche entfernt, würde Sie überhaupt kein Wind mehr erreichen!

Infolge der Reibung zwischen Luft und Flügeln gibt es eine sehr dünne Luftschicht an der Flügeloberfläche, die über der Fläche steht. Jedes Staubteilchen, das so klein ist, daß es in dieser bewegungslosen Schicht Platz findet, gelangt nicht in den Sog des Fahrtwindes und bleibt deshalb liegen.

Daraus ergeben sich weitere praktische Konsequenzen. Wenn Sie über eine Langspielplatte pusten, werden Sie die Scheibe nicht von den kleineren Staubteilchen befreien, vor allem nicht von denen am Grund der Rillen. Und auch die Linse Ihrer Kamera werden Sie auf diese Weise nicht wirklich säubern. In beiden Fällen müssen Sie eine Bürste benutzen, um den feinen Staub zu entfernen.

In seiner Autobiographie *Slide Rule* (Portsmouth, N. H., Heinemann, 1954) beschreibt Neil Shute Norway, wie bewegungslos die Luft an der Oberfläche eines knapp 230 Meter langen Luftschiffes aus dem Jahr 1930 war: »Als das Schiff eine Geschwindigkeit von fast hundert Stundenkilometern erreicht hatte, konnte man auf den oberen oder waagerechten Teil der Hülle klettern, und man befand sich in ruhiger Luft, solange man auf Händen und Knien kroch. Richtete man sich auf, konnte man an Kopf und Schultern eine frische Brise spüren. Stellte man sich aufrecht hin, so wurde sie zum Sturm. Es war sehr schön, an einem sonnigen Tag dort oben an den Seitenflossen zu sitzen« (S. 110).

## Braune Äpfel und brauner Tee

Wenn Sie in einen Apfel beißen oder schneiden, zerstören Sie einige der Zellen, aus denen er besteht. Substanzen, die normalerweise in unterschiedlichen Bereichen der Zelle untergebracht sind, haben jetzt die Möglichkeit, sich zu verbinden. Es finden chemische Reaktionen statt, die in einem unversehrten Apfel unmöglich wären, und eine dieser Reaktionen färbt den Apfel braun.

Besonders lebhaft reagiert eine Familie von Stoffen, Phenole genannt, die in einem bestimmten Bereich jeder Apfelzelle vorhanden ist, sobald sie mit dem Sauerstoff der Luft in Berührung kommt. Tritt ein bestimmtes Enzym, die sogenannte Phenoloxidase, zu dieser Verbindung hinzu, so löst sie eine ganze Kettenreaktion chemischer Vorgänge aus, zu deren Endprodukten ein braunes Pigment gehört. Dieses Pigment verändert weder den Geschmack des Apfels noch seinen Nährwert, es beeinträchtigt lediglich seinen Anblick.

Um angeschnittene Äpfel vor dem Braunwerden zu bewahren, muß man entweder die Bräunungsenzyme durch Hitze oder Säuren, etwa die der Zitrone, inaktivieren oder die Sauerstoffzufuhr unterbinden, indem man den Apfel ins Wasser legt oder mit Salatdressing bedeckt. Auch Vitamin C verhindert den Prozeß des Braunwerdens, weil es eine chemische Reaktion in Gang setzt, die Sauerstoff verbraucht.

Auch bei Bananen, Birnen, Avocados, Pfirsichen und rohen Kartoffeln, um nur einige Beispiele zu nennen, läßt sich dieser Bräunungsvorgang beobachten. Offenbar ist der Prozeß dem Obst nützlich, denn außer dem braunen Pigment produziert er auch eine Substanz, die Pilze bekämpft. Von ihnen würde das verletzte Fruchtgewebe nämlich sonst befallen.

Die »enzymatische Bräunung« findet auch eine praktische Anwendung. In der Teeverarbeitung werden die grünen Blätter zerkleinert und für ein paar Stunden der Luft ausgesetzt. Zerstörung der Zellen, Mischung bestimmter Substanzen, Reaktion mit Sauerstoff und Bildung des braunen Pigments – das alles läuft hier im Prinzip genauso ab wie beim Apfel. Wir mögen zwar kein braunes Obst, aber wir mögen braunen Tee.

## Optik und Klebstoff

Füllen Sie ein sauberes, trockenes Glas mit lauwarmem Wasser – lauwarm, damit an der Außenseite des Glases keine Luftfeuchtigkeit kondensiert. Vergewissern Sie sich, daß Ihre Hände völlig trocken sind, dann nehmen Sie das Glas, blicken Sie hinein, und betrachten Sie die Innenseiten des Glases. Sie werden ein Spiegelbild des Bodens sehen. Die Hand, die das Glas hält, sehen Sie nicht. Vielleicht sind hier und da Fingerabdrücke zu erkennen, viel mehr aber nicht. Überall, wo Luft zwischen Ihrer Hand und dem Glas ist, wird das Licht ins Glas zurückgespiegelt, ohne Ihre Haut zu erreichen.

Tauchen Sie nun Ihre Hand ins Wasser, und halten Sie das Glas mit nassen Fingern. Schauen Sie wieder in das Glas, und Sie werden Ihre Finger sehen können. Wenn Ihre Hand naß ist, füllt Wasser die winzigen Lücken zwischen dem Glas und Ihrer Haut. Jetzt kann das Licht vom Inneren des Glases zu Ihrer Haut und wieder zurück gelangen, so daß Sie Ihre Finger sehen können.

Dieser Versuch gehört nicht nur in die Optik, sondern zeigt auch, warum feste Gegenstände selten aneinander haften: Trockene Oberflächen berühren sich nur an wenigen Stellen.

Hier kommt der Klebstoff ins Spiel. Dauerhaft füllt er die Lücken zwischen den Objekten, so daß diese durch die Anziehungskraft zwischen den Molekülen zusammengehalten werden, eine Kraft, die sehr stark ist, wenn viele Moleküle beteiligt sind.

Bei einigen Stoffen kann Wasser diese Lücken zwar füllen, eignet sich aber trotzdem nicht besonders als Klebstoff, weil es zu schnell verrinnt. Um Ihre Hand am Glas festzukleben, brauchen Sie entweder eine zähe Substanz, wie etwa das Haftmittel auf Klebebändern, oder einen Stoff, der sich verhärtet wie Epoxidharz.

Feste Körper, die sich zu berühren scheinen, sind also in Wirklichkeit durch viel Luft getrennt. Der Klebstoff hat die Aufgabe, diese Lücken dauerhaft zu füllen.

# Auch das Licht braucht Zeit

Im September 1676 gab der dänische Astronom Olaus Roemer vor der Französischen Akademie der Wissenschaften in Paris die Prognose ab, daß die Finsternis des Jupitermondes Io, die man am 9. November desselben Jahres um 5 Uhr 25 morgens erwartete, sich um zehn Minuten verzögern werde. Diese Verspätung erklärte er damit, daß man in früheren Berechnungen der Io-Bewegung nicht die Zeit berücksichtigt habe, die das Licht brauche, um die Umlaufbahn der Erde zu durchqueren. Roemers Voraussage und seine Erklärung erwiesen sich als richtig.

Io ist einer der vier größten Jupitermonde. Durch ein kleines Teleskop läßt sich leicht beobachten, wie er den Jupiter in zweiundvierzigeinhalb Stunden umkreist. Io-Finsternisse finden statt, wenn der Trabant im Zuge jedes Umlaufs in den Jupiterschatten eintaucht. Die Astronomen, die sich mit Io befaßten, wollten die Navigationsmethoden verbessern. Wer sich in der Seefahrt nach den Sternen richten will, muß die genaue Zeit kennen. Man hoffte einen Kalender entwickeln zu können, der die genauen Zeiten künftiger Io-Finsternisse enthielt. Dann hätten die Navigatoren auf See nur Jupiter und Io durch ein Fernglas betrachten müssen, um ihre Zeitmesser auf See zu überprüfen.

Als Roemer die Zeitpunkte der Io-Finsternisse aufschrieb, entdeckte er in seinen Zahlen Unregelmäßigkeiten: Die Zeiträume zwischen den Finsternissen fielen unterschiedlich aus, je nachdem, wie groß die Entfernung zwischen Jupiter und Erde war. Daraus schloß Roemer, daß das Licht vom Jupiter nicht unverzüglich auf der Erde zu sehen war, wie man allgemein annahm, sondern etwas Zeit brauchte, um zur Erde zu gelangen. Aufgrund seiner Berechnungen gelangte Roemer zu dem Schluß, daß das Licht zweiundzwanzig Minuten braucht, um die gesamte Erdumlaufbahn zu durchqueren. Damit lag er gar nicht so falsch: Tatsächlich braucht das Licht bei der ihm eigenen Geschwindigkeit von etwa 300 000 Kilometern pro Sekunde ungefähr siebzehn Minuten.

Olaus Roemer lebt in unserem Gedächtnis fort, weil er 1676 als erster eine fundamentale Größe des Universums bestimmte: die Lichtgeschwindigkeit.

## Kleingedrucktes durch ein Stecknadelloch betrachtet

Halten Sie eine Seite mit kleingedruckten Buchstaben etwa zwei bis drei Zentimeter von Ihrem Auge entfernt. Wahrscheinlich werden Sie nicht in der Lage sein, Ihr Auge so auf die Schrift einzustellen, daß Sie sie lesen können. Bei derart geringen Entfernungen liefert Ihnen die Linse Ihres Augapfels kein scharfes Bild von dem gewünschten Gegenstand.

Machen Sie nun folgenden Versuch: Bohren Sie mit einer Nadel ein kleines Loch in eine Karteikarte. Legen Sie die Nadel weg, und halten Sie das Nadelloch ganz dicht an eines Ihrer Augen – so dicht, daß die Karte Ihre Wimpern berührt. Wenn Sie eine Brille tragen, nehmen Sie sie vorher ab.

Blicken Sie durch das Loch auf das Kleingedruckte, das Sie zwei bis drei Zentimeter entfernt halten. Die Buchstaben werden überraschend scharf erscheinen. Nehmen Sie die Karte mit dem Loch fort, und die Buchstaben verschwimmen wieder.

Da das Loch in der Karte sehr klein ist, empfängt jeder Punkt auf Ihrer Netzhaut nur von sehr begrenzten Abschnitten des betrachteten Gegenstandes Lichtstrahlen. Infolgedessen rufen die Lichtstrahlen ein Bild des Kleingedruckten auf Ihrer Netzhaut hervor. Sie sehen also Kleingedrucktes ganz anders, wenn Sie es durch ein winziges Loch betrachten.

Das Bild sieht sogar größer aus, weil nahe Dinge vergrößert erscheinen und weil Sie es nicht gewohnt sind, Dinge aus so geringer Entfernung zu sehen. Je näher Sie das Loch an Ihr Auge heranführen – auf einen halben Zentimeter vielleicht –, desto stärker macht sich dieser Pseudo-Vergrößerungseffekt bemerkbar. Halten Sie die Karte mit dem Loch ganz nah ans Auge. Bewegen Sie die Buchstaben hinter dem Loch, und Sie werden sehen, wie sich die Mitte jedes vorbeiziehenden Buchstabens vorwölbt.

In gewisser Weise wirkt ein Nadelloch also wie eine Linse, nur daß es im Unterschied zu dieser nicht auf eine bestimmte Entfernung festgelegt ist. Schauen Sie durch ein solches Loch und Sie können Kleingedrucktes lesen, das nur zwei Zentimeter von Ihrem Auge entfernt ist.

## Orientierung mit Hilfe zweier Reißzwecken

Mit den Maßstabskarten des amerikanischen Vermessungsamtes und einer ganz einfachen Methode können Sie sich mit Ihrer unmittelbaren Umgebung eingehend vertraut machen. Die Karten erfassen nur wenige Quadratkilometer, diese aber mit außerordentlicher Genauigkeit. Jeder Bewohner der Vereinigten Staaten kann eine Karte seiner nächsten Umgebung vom U.S. Government Printing Office bekommen. Vielleicht hat sie auch ein Sportgeschäft in Ihrer Nähe.

Legen Sie die Karte in der Nähe eines Fensters flach auf den Tisch, und suchen Sie Ihren Standort. Drücken Sie eine Reißzwecke durch diesen Punkt in die Tischplatte darunter. Jetzt können Sie die Karte um die Reißzwecke drehen, wobei nur der Punkt, der Ihrem Standort entspricht, an Ort und Stelle bleibt. Blicken Sie aus dem Fenster, und wählen Sie einen gut sichtbaren Orientierungspunkt – einen Hügel oder einen Leuchtturm. Suchen Sie auf der Karte das Symbol für diesen Orientierungspunkt. Drehen Sie jetzt die Karte so um die Reißzwecke, daß eine gerade Linie von der Reißzwecke über das Kartensymbol zum Orientierungspunkt draußen führt. Drücken Sie eine weitere Reißzwecke durch das Kartensymbol in den Tisch. Damit haben Sie die Karte mit Hilfe zweier bekannter Punkte ausgerichtet: Ihrem eigenen Standort und einem Orientierungspunkt, den Sie von dort aus sehen können.

Jetzt, da die Richtung zu einem Orientierungspunkt stimmt, sind auch die Richtungen zu allen anderen Orientierungspunkten korrekt. Eine Sichtlinie vom Reißnagel in der Mitte zu, sagen wir, einem Hügel, dessen Namen Sie nicht kennen, verläuft durch das Symbol für diesen Hügel auf Ihrer Karte. Schauen Sie auf der Karte nach, vielleicht finden Sie den Namen des Hügels. Wenn allerdings mehr als ein Hügel auf dieser Sichtlinie liegt, müssen Sie natürlich schätzen, wie weit der, den Sie im Auge haben, entfernt ist. Auf jeden Fall können Sie mit zwei Reißzwecken Ihre Karte ausrichten. Fixieren Sie zunächst Ihren Standort, und richten Sie die Karte dann an einem Punkt in der Landschaft aus. Am besten geht das mit Karten, die einen so kleinen Bereich abbilden, daß die Erdkrümmung keine Rolle spielt.

## Ein Globus als Sonnenuhr

Es ist ganz leicht, seinen Globus so auszurichten, daß er zu einem kleinen Modell der Erde mit der gleichen Lage im All wird. Stellen Sie Ihren Globus einfach an einen Platz, der in der Sonne liegt, drehen und wenden Sie ihn, bis Ihr Heimatort oben ist –, so daß eine Münze, die Sie flach auf Ihren Heimatort legen, nicht hinunterrutscht. Drehen Sie nun den Globus so, daß seine Nordseite nach Norden zeigt. Mehr brauchen Sie nicht zu tun. Sie können den Globus jetzt sich selbst und der Erdbewegung überlassen.

Was haben Sie getan? Sie haben den Globus so ausgerichtet, daß seine Achse parallel zur Erdachse verläuft und daß eine imaginäre Linie von Ihrem Heimatort auf dem Globus durch dessen Mittelpunkt und Ihren Heimatort auf der Erde zum Mittelpunkt des Planeten verläuft.

Betrachten Sie nun, wie das Sonnenlicht auf den Globus fällt. Die Trennungslinie zwischen Licht und Schatten auf dem Globus entspricht genau der Grenze, die in diesem Augenblick Tag und Nacht auf der Erde trennt. Sie können erkennen, wo die Sonne im Moment auf- und wo sie untergeht.

Da Ihr Globus auf der rotierenden Erde ruht, wird er sich jetzt alle vierundzwanzig Stunden drehen. Die Lichtverhältnisse beliebiger Tageszeiten, beliebiger Jahreszeiten und beliebiger Orte sind auf dem kleinen Globus und der großen Erde identisch.

Jeder, der irgendwo auf der Erde einen Globus hat und ihn genauso ausrichtet wie Sie, sieht genau zur gleichen Zeit genau die gleichen Lichtverhältnisse auf seinem Globus wie Sie auf dem Ihren. Sein Globus ist wie der Ihre ein Modell der einen Erde, auf der wir alle leben.

## Ein Tintenring im Wasserglas

Für dieses Experiment brauchen Sie ein hohes Glas voll Wasser (je höher desto besser), ein Tintenfaß und eine Augenpipette.

Nachdem Sie das Glas mit Wasser gefüllt haben, stellen Sie es auf einen fest stehenden Tisch und lassen es dort ein paar Minuten, damit das Wasser ganz zur Ruhe kommt. Füllen Sie jetzt die Tinte in die Pipette, und lassen Sie einen Tropfen aus einer Höhe von etwa zwei Zentimetern in die Mitte des Wassers fallen. Die Tinte wird einen expandierenden Ring bilden und langsam, wie ein Rauchring, der durch die Luft gleitet, auf den Grund des Glases sinken.

Der Ring bewahrt seine Form, weil sich das Wasser in ihm auf eine ganz bestimmte Weise bewegt. Am besten, Sie stellen sich einen o-förmigen Gummiring vor – vielleicht einen dieser Gummiringe, die man bei Staubsaugern als Antriebsriemen benutzt. Bei einem solchen Ring kann man die Innenseite nach außen drehen, ohne seine Kreisform zu verändern. Mit dem Wasser verhält es sich ganz ähnlich. Auch der Tintenring dreht sich auf dem Weg zum Grund des Glases von innen nach außen. Die Drehbewegung beginnt schon, wenn der Tropfen ins Wasser fällt.

Der Ring bleibt scharf umrissen und deutlich erkennbar, während er sinkt. Folglich vermischen sich Wasser und Tinte im Ring nicht sehr stark mit dem Rest des Wassers – jedenfalls nicht sofort. Zwischen dem Wasser innerhalb des Ringes und dem Wasser in der Umgebung gibt es eine gewisse Reibung, so daß der Ring nach längerem Weg an den Rändern unscharf wird. Doch bei den Wegstrecken, die der Tintenring in einem Trinkglas zurücklegen kann, bleibt er erstaunlich scharf und klar, bis er auf dem Boden anlangt.

## Warum Pfefferminz in Schokolade so kühl schmeckt

Es gibt mindestens zwei Gründe, warum sich Minzplättchen mit Schokoladenhülle in Ihrem Mund so kühl anfühlen: das plötzliche Schmelzen der Schokolade und den eigenartig kühlenden Effekt des Menthols.

Die meisten Schokoladenprodukte bestehen zur Hälfte aus Kakaobutter. Kakaobutter ist ein natürlicher Bestandteil der Kakaobohnen und gehört wie Butter aus Milch in die chemische Kategorie der Fette und Öle. Doch im Unterschied zur normalen Butter hat die Butter der Kakaobohnen eine bemerkenswert gleichförmige chemische Zusammensetzung. Mit anderen Worten, sie enthält nur wenige unterschiedliche Arten von Fettmolekülen. Diese Einheitlichkeit verleiht der Kakaobutter eine Eigenschaft, die Chemiker als »harten Schmelzpunkt« bezeichnen. Wenn Kakaobutter auf eine Temperatur von 34°C erwärmt wird, verwandelt sie sich unvermittelt aus einem spröden Festkörper in eine Flüssigkeit.

Schmilzt ein Stoff, so nimmt er stets Wärme aus seiner Umgebung auf. Alles, was dem menschlichen Körper Wärme entzieht, fühlt sich bei Berührung normalerweise kühl an. Wenn also die Kakaobutter in Ihrem Mund plötzlich schmilzt, nimmt sie in kurzer Zeit eine relativ große Wärmemenge auf, obwohl sie selbst sich zunächst nicht erwärmt. Deshalb erleben Sie die Wärmeabsorption als Kälteempfinden.

Besonders auffällig ist die plötzliche Kälteempfindung, weil Kakaobutter bei ungefähr 34°C schmilzt – einer Temperatur, die sehr nahe an unserer Körpertemperatur liegt. Das heißt, kurz bevor die Schokolade in Ihrem Mund schmilzt, fühlt sie sich wahrscheinlich weder warm noch kalt an.

Nun zur Pfefferminzfüllung in der Schokoladenhülle. Für den Minzgeschmack ist gewöhnlich Pfefferminzöl verantwortlich. Der geschmackswirksame Bestandteil im Pfefferminzöl ist das Menthol, ein recht einfacher chemischer Stoff mit einem bemerkenswerten Effekt: Menthol schmeckt kühl.

Offenbar ruft Menthol diesen kühlenden Effekt weder in den Geschmacksnerven noch in den Geruchsrezeptoren des Mundes hervor, sondern führt die Zellen hinters Licht, die auf Temperatur ansprechen. Dabei wirkt es vor allem auf die Kälterezeptoren ein – im Mund und anderswo. In geringen Konzentrationen bewirkt Menthol, daß diese Rezeptoren schon bei ungewöhnlich hohen Temperaturen reagieren. Folglich fühlen sich die Dinge dank Menthol kälter an, als sie es tatsächlich sind. Wenn Sie also Minze essen, die Menthol enthält, wirkt die Normaltemperatur in Ihrem Mund – Ihre Körpertemperatur – kühl.

Unter anderem werden Likör, Zigaretten, Zahnpasta und Rasierschaum mit Menthol versetzt, um diesen Produkten, ganz gleich, welchen Körperpartien sie zugedacht sind, eine erfrischende Wirkung zu verleihen.

# Ein Blatt fällt

Dort wo der Stengel eines Blattes auf den Ast trifft, gibt es eine besondere Zellschicht, die sogenannte »Trennungsschicht«. Die Zellen dieser Schicht liegen dichter beieinander als die Zellen im umgebenden Gewebe. Bei einigen Pflanzen ist die Trennungsschicht schon vorhanden, bevor das Blatt reift, in anderen Pflanzen entwickelt sie sich erst später. Bevor ein Blatt fällt, stirbt es ab, und alle verwertbaren Stoffe, die es noch enthält, werden dem Baum wieder zugeführt.

Wenn die Zeit reif ist, produzieren die Zellen der Trennungsschicht Enzyme, die die Wände zwischen den Zellen auflösen. Gleichzeitig vergrößern sich die Zellen des Trennungsgewebes, das dem Baum benachbart ist, nicht aber die Trennungszellen, die dem Blatt am nächsten liegen. Die Schwächung der Zellwände und das einseitige Wachstum der Trennungsschicht bewirken bald, daß die Verbindung zwischen Blatt und Ast abbricht und das Blatt fällt.

Ein Teil der Trennungsschicht bleibt am Ast zurück. Sie entwickelt sich zu einer Schutzschicht aus Korkgewebe, das sich mit dem Korkgewebe des Astes verbindet.

Den Vorgang nennt man »Abszission«, ein Wort, das die gleiche Wurzel hat wie das englische Wort *scissors* – Schere. Offensichtlich wird die Abszission durch die komplexe Wechselwirkung mehrerer Pflanzenhormone gesteuert. Bei Laubbäumen findet sie jedes Jahr statt. Abszission kann unter anderem durch Kälte, Dürre, abnehmende Tageslänge oder Luftverschmutzung ausgelöst werden.

Nach der Abszission bleibt auf dem Ast eine Blattnarbe zurück, die kleine, erhabene Punkte auf der Innenseite zeigt. Diese Punkte sind die sogenannten »Bündelnarben«, die verschlossenen Enden der Gefäße, die vorher für den Flüssigkeitstransport in und aus dem Blatt verantwortlich waren. Häufig ist in der Nähe der Blattnarbe die Knospe für das Blatt des kommenden Jahres zu sehen.

# Ein Punkt, eine Linie, eine Falte, eine schöne Kurve

Nehmen Sie ein Stück Papier und einen Bleistift. Ziehen Sie irgendwo auf dem Papier eine gerade Linie – egal wo. Zeichnen Sie dann einen Punkt irgendwohin – wiederum ist es egal, wo.

Legen Sie nun das Papier so um, daß der Punkt die Linie berührt. Halten Sie den Punkt direkt auf die Linie, und falten Sie das Papier.

Öffnen Sie das Papier wieder, legen Sie es erneut um, diesmal in einem anderen Winkel. Halten Sie den Punkt auf einen anderen Ort der Linie, und falten Sie das Papier in dieser Lage.

Wiederholen Sie den Vorgang ein paarmal, wobei Sie darauf achten müssen, daß Sie immer einen anderen Winkel wählen und daß der Punkt immer die Linie berührt, bevor Sie das Papier falten.

Glätten Sie nun das Papier, und Sie können erkennen, daß die Faltstellen eine gekrümmte Grenze um den Punkt bilden. Je öfter Sie das Blatt knicken, desto gleichmäßiger wird diese Kurve. Sie können sie auch mit dem Bleistift nachzeichnen.

Mathematisch würde man die Kurve als Parabel bezeichnen, eine der bekanntesten Kurven in Mathematik und Physik. Der Wasserstrahl eines Gartenschlauchs ist fast eine Parabel, genau wie der Weg eines Balls, den man in die Luft wirft. Luftwiderstand und Erdkrümmung bewirken leichte Abweichungen von der idealen Parabelform.

Im Weltraum, wo es keinen Luftwiderstand gibt, folgen sehr schnelle Kometen einer parabolischen Kurve um die Sonne. Der Punkt auf Ihrem Papier markiert die Position der Sonne in der parabolischen Umlaufbahn. Wenn Sie die Entfernung zwischen Punkt und Linie vergrößern, erhalten Sie eine Nahaufnahme des Abschnitts der Kometenbahn, die der Sonne am nächsten ist.

## Steuerung lebender Zellen

Die Zellen von Pflanzen, Tieren, Einzellern und Pilzen haben einen Kern. In den meisten Fällen steuert dieser Kern die Zelle. Das hat in den dreißiger Jahren der deutsche Biologe Joachim Hämmerling mit der einzelligen Pflanze *Acetabularia* sehr hübsch nachgewiesen.

Jede Pflanze ist zwei bis vier Zentimeter groß – klein für eine Pflanze, aber groß für einen Einzeller. Eine *Acetabularia*-Art sieht aus wie eine winzige Palme. Eine andere hat Ähnlichkeit mit einem aufgespannten Sonnenschirm. Beide Arten haben einen dünnen Stiel, der sich mit einer Art Fuß dort festhält, wo die Pflanze wächst. In diesem »Fuß« befindet sich der Zellkern.

Hämmerling schnitt einer *Acetabularia* der einen Art den »Fuß« ab und setzte ihn einem abgeschnittenen Stiel einer anderen Art ein. Damit verpflanzte er also den Kern. Ein paar Wochen später trug der Stiel einen neuen Hut.

Was für einen Hut? Wenn Hämmerling den Kern einer Palmenart in einen Stiel der Sonnenschirm-Art verpflanzt hatte, wuchs daraus am Ende ein Palmen-Hut. Und ein Sonnenschirm-Kern in einem Palmen-Stiel sorgte für einen Sonnenschirm-Hut.

Noch heute, fünfzig Jahre danach, sind Hämmerlings Experimente mit *Acetabularia* von großem Interesse, weil sie zeigen, wie der normale Informationsfluß in Zellen verläuft – in allen Zellarten. Meist steuert der Kern die Zelle. Im Kern wird die Information von den bekannten DNS-Molekülen auf die RNS-Moleküle übertragen und dann in Proteine übersetzt, die für den mechanischen Teil des Aufbaus zuständig sind.

## Tanzende Pollenkörner

Im Sommer des Jahres 1827 betrachtete der schottische Botaniker Robert Brown unter seinem Mikroskop Pollenkörner, die er ins Wasser gelegt hatte. Die Körner lagen keineswegs still – sie rollten und zuckten hin und her, wobei sie sich durch das Sichtfeld bewegten. Brown fragte sich, ob die Körner sich bewegten, weil sie lebten.

Brown betrachtete Pollenkörner von getrockneten Pflanzen, die schon zwanzig Jahre tot waren, Teilchen, die von altem Holz und von Kohle stammten, und Rußpartikel aus der Luft. Alle bewegten sie sich, sobald sie ins Wasser gelegt wurden. Dann beobachtete er Teilchen, die niemals zu Lebewesen gehört hatten – Staub, den er von Steinen losgeklopft hatte, unter anderem von einem Stein, der vermutlich der Sphinxstatue entstammte. In allen Fällen zeigten die Teilchen die »Brown'sche Bewegung«, wie sie heute genannt wird.

Ganz offensichtlich hatten die mikroskopischen Bewegungen der Teilchen nichts mit Leben zu tun. Doch Brown konnte sie 1827 noch nicht erklären. Später häuften sich die Hinweise dafür, daß alle diese materiellen Körper aus Atomen und Molekülen bestehen und daß die Temperatur ein Maß für die ständige, zufällige Bewegung dieser Atome und Moleküle ist. Je höher die Temperatur, desto schneller die Bewegung. Die Brown'sche Bewegung, so stellte sich heraus, wird durch Wassermoleküle ausgelöst, die sich zufällig im Wasser bewegen und die Pollenkörner kreuz und quer auf dem Objektträger des Mikroskops umherstoßen.

In ihrer ganzen Tragweite wurde die Brown'sche Bewegung 1905 von einem jungen Physiker erklärt. Er zeigte, daß man nur beobachten muß, wie weit ein Teilchen durch die Brown'sche Bewegung in einem bestimmten Zeitraum gestoßen wird, um ausrechnen zu können, wie viele Moleküle in einem Kubikzentimeter Wasser enthalten sind. Dieser junge Physiker hieß Albert Einstein.

## Nasses Wetter macht die Welt bunter

Es gibt etliche Dinge, die man mit einem trockenen Sommer verbindet, doch ein Aspekt fällt selten auf: Solche Sommer sind farbloser. Mit dem feuchten Wetter kommen dann einige Farben zurück, die sich rar gemacht haben. Das gilt nicht nur für Blätter, sondern auch für Steine, Erde und Straßenoberflächen – alle haben sie naß eine intensivere Farbe als trocken.

Nehmen wir beispielsweise einen nassen, rötlich gefärbten Stein. Ein nasser Stein ist von einem Wasserfilm umhüllt. Der sorgt für eine glatte Oberfläche, weil er all die winzigen Löcher und Vertiefungen auf der Oberfläche des Steins ausfüllt.

Wenn das Licht aus dem Himmel auf diesen nassen, rötlichen Stein fällt, lenkt das Wasser das Licht nach unten, in diese winzigen Täler und Vertiefungen. Es wird zwischen den Seiten jeder kleinen Vertiefung hin- und hergeworfen. Bei jeder Reflexion absorbiert die Steinoberfläche ein bißchen mehr nicht-rotes Licht. So wird das hin- und hergeworfene Licht schwächer und röter. Eine geringe Lichtmenge gelangt wieder an die Oberfläche des Wasserfilms und ein Teil davon durch die Wasseroberfläche in die Luft und von dort in unser Auge. Wenn Sie also einen nassen Stein betrachten, dann sehen Sie Licht, das viele Male von der Oberfläche des Steins reflektiert wurde. Deshalb sieht ein nasser Stein dunkel und farbig aus.

Bei einem trockenen Stein gibt es kein Wasser, das das Licht hinunter in die kleinen Löcher und Vertiefungen lenkt. Wenn Sie einen trockenen Stein betrachten, dann sehen Sie Licht, das nur einmal oder höchstens einige wenige Male von der Steinoberfläche zurückgeworfen wurde. Die Steinoberfläche absorbiert nur relativ wenig Licht, so daß das Licht, das ein trockener Stein in unser Auge wirft, weißer und heller erscheint als das Licht von einem nassen Stein.

Da Wasser die kleinen Winkel und Spalten von Oberflächen ausfüllt, sehen nicht nur Steine, sondern auch Pflaster, Sand, Erde, Laub und kahles Holz dunkler und farbiger aus, wenn sie naß sind.

# Wetter und Erdrotation

Ein Freund und Sie sitzen sich auf einer großen flachen Drehscheibe – einem Karussell – gegenüber. Die Scheibe bewegt sich nicht, und Sie werfen ihrem Freund auf der anderen Seite einen Ball zu. Wenn Sie genau zielen, erreicht der Ball Ihren Freund, der ihn fängt.

Nun beginnt sich die Scheibe gegen den Uhrzeigersinn zu drehen. Infolge dieser Drehung bewegen Sie sich nach rechts. Abermals werfen Sie den Ball Ihrem Freund auf der anderen Seite zu. Wenn Sie genauso zielen wie zuvor, werden Sie ihn verfehlen. Der Ball wird von Ihnen aus gesehen nach rechts abweichen. Ihr Freund auf der anderen Seite wird sich nach rechts beugen müssen, um den Ball zu fangen. Da Sie sich selbst bewegen, verbindet sich die Geschwindigkeit der Drehscheibe mit der Geschwindigkeit Ihres Arms, mit dem Ergebnis, daß der Ball nach rechts abdriftet. (Würde sich die Scheibe im Uhrzeigersinn drehen, würde der Ball nach dem Wurf nach links abweichen.)

Erstmals wurde dieser Effekt 1835 von dem französischen Physiker Gaspard Gustave de Coriolis untersucht, der theoretisch klärte, welchen Kräften bewegliche Maschinenteile unterliegen. Die umfassende Bedeutung des »Coriolis-Effekts«, wie er heute genannt wird, zeigt sich beispielsweise, wenn wir mit seiner Hilfe erklären, wie sich Dinge weiträumig über die Erde bewegen – Luftmassen beispielsweise.

Tatsächlich ist die Erde eine riesige Drehscheibe. Vom Nordpol aus betrachtet, dreht sich die Erde entgegen dem Uhrzeigersinn in vierundzwanzig Stunden einmal um sich selbst. Aus diesem Grund driften die Luftmassen, die von einem Hochdruckgebiet der nördlichen Hemisphäre kommen, nach rechts ab, genau wie der Ball, der Ihre Hand verläßt. So entsteht eine Windzirkulation im Uhrzeigersinn.

Der Coriolis-Effekt der Erdrotation macht sich nur dann bemerkbar, wenn Dinge sich weiträumig bewegen – Winde zum Beispiel und Meeresströmungen. Im Gegensatz zu einer vielfach geäußerten Meinung ist der Coriolis-Effekt zu schwach, um sich in erkennbarer Weise auf die Strudel abfließenden Wassers in Waschbecken und Badewannen auszuwirken.

## Infektionen: Ein Kampf zwischen zwei Organismen

1882 hatte der russische Biologe Ilja Metschnikow viele Beobachtungen über den Umgang von Zellen mit fremden Teilchen zusammengetragen. Beispielsweise verdauen Spulwürmer ihre Nahrung mit Hilfe von Spezialzellen, die die Nahrungsteilchen verschlingen. Und weiße Blutkörperchen hatte er dabei beobachtet, wie sie Farbpartikel von Tinte fraßen. Auf Grund dieser Beobachtungen gelangte Metschnikow zu der Vermutung, daß sich Tiere, einschließlich des Menschen, gegen Infektionen mit Hilfe mobiler Spezialzellen schützen, die eindringende Fremdkörper verschlingen.

Eines Tages im Jahre 1882, als seine Familie im Zirkus war, hatte Metschnikow eine Idee. Wie er später beschrieb, ging er von der Vermutung aus, daß »ein Splitter, den man einer Seesternlarve einsetzt ... sehr schnell von diesen mobilen Zellen umgeben sein müßte, so wie wir es bei einem Menschen beobachten, der einen Splitter im Finger hat«.

Draußen im Garten stand ein Baum, der schon für Weihnachten geschmückt war. Metschnikow »nahm sich davon ein paar Rosendornen und plazierte sie alle auf einmal unter der Haut der schönen Seesternlarve, die so durchsichtig war wie Wasser«. Am nächsten Morgen hatten sich die Spezialzellen – die man damals »Freßzellen« nannte – um den Splitter versammelt. Die Seesternlarve verteidigte sich gegen den Splitter.

Nach diesem Experiment aus dem Jahr 1882 war Metschnikow davon überzeugt, daß eine Infektion in Wirklichkeit »ein Kampf zwischen zwei Organismen ist«.

Metschnikow hat damals als erster ein Gebiet untersucht, das wir heute »zellvermittelte Immunität« nennen. Dabei versammeln sich bestimmte Zellen um einen Eindringling und greifen ihn an. Es gibt noch eine andere Form der Immunität – die humorale oder antikörpervermittelte Immunität –, bei der bestimmte Moleküle, die Antikörper, auf der Suche nach fremden Molekülen im Blutkreislauf zirkulieren.

# Warum stößt eine schwangere Frau ihren Fötus nicht ab?

Der menschliche Körper hat Mittel und Wege, mit Zellen fertig zu werden, die nicht zu ihm gehören. Manchmal stößt er Organtransplantate und Gewebsverpflanzungen ab, weil sie aus körperfremden Zellen bestehen.

Das führt zu einer interessanten Frage. Ein ungeborener Fötus besteht aus Gewebe, das für die Mutter körperfremd ist. »Fremd« ist der Fötus, weil die Hälfte seiner Gene vom Vater stammen und er deshalb seine Proteine nach einem eigenen genetischen Programm herstellt. Warum also stößt das Immunsystem der Mutter den eigenen Fötus nicht ab?

Offenbar liegt es daran, daß das Immunsystem der Mutter während der Schwangerschaft teilweise unterdrückt wird. Genauer verstehen wir diesen Vorgang erst seit relativ kurzer Zeit, doch Hinweise gibt es schon seit langem.

So hat man Schwangeren in den ländlichen Regionen der Südstaaten schon vor Jahrzehnten Chinin gegeben, um sie vor Malaria zu schützen; und Frauen, die als junge Mädchen an Tuberkulose erkrankt waren, galten als vollständig geheilt, wenn die Tuberkulose während ihrer Schwangerschaft nicht wieder ausbrach. Hinter diesen traditionellen Auffassungen stand die Erkenntnis, daß die Widerstandsfähigkeit während der Schwangerschaft stark geschwächt ist. Zur gleichen Zeit entdeckten Farmer und Tierärzte, daß trächtige Schafe stärker von Wurmkrankheiten befallen werden als andere Tiere.

In jüngerer Zeit haben Versuche an Mäusen gezeigt, daß trächtige Tiere anfälliger für Malaria sind als nicht-trächtige Mäuse. Und wenn man nicht-trächtigen Mäusen Hormone spritzte, die eine Schwangerschaft simulierten, erkrankten sie häufiger an Herpes als die Mäuse einer anderen Kontrollgruppe.

Warum aber stößt eine schwangere Frau – oder jedes andere trächtige Säugetier – den Fötus nicht ab? Weil ihre Immunreaktion gewissermaßen gebremst wird, solange sie schwanger ist. Das Immunsystem muß einen Kompromiß finden zwischen dem Schutz der Mutter und dem Schutz des Fötus.

## Der Trick mit dem schwimmenden Korken

Schneiden Sie vom Ende eines Korkens etwa einen halben Zentimeter ab und lassen Sie dieses Stück in ein Glas Wasser fallen. Wenn Sie das Korkstück einige Sekunden lang beobachten, werden Sie sehen, daß es an die Seite des Glases treibt. Fragen Sie alle Leute, die mit Ihnen am Tisch sitzen, ob sie es schaffen, das Korkstück genau in der Mitte des Glases schwimmen zu lassen. Alles ist erlaubt: Man darf den Korken anstoßen, ihn umdrehen oder ihn auf besondere Weise ins Glas fallen lassen. Egal, was der Uneingeweihte auch versucht, der Korken landet jedesmal am Rand des Glases. Der Trick besteht darin, daß man, während der Korken im Wasser schwimmt, Wasser dazufüllt. Gießen Sie es langsam aus einem anderen Glas hinzu. Gießen Sie bedächtig und vorsichtig, bis sich die Wasseroberfläche des ersten Glases über den Rand nach oben wölbt. Sie werden überrascht sein, wieviel Wasser man hinzufügen kann, ohne daß die gewölbte Oberfläche überläuft.

Das Wasser wölbt sich, weil sich Wassermoleküle anziehen. Die Moleküle an der Wasseroberfläche bilden einen Film, der unter Spannung steht. Wie eine Plastiktüte hält dieser Film der Oberflächenspannung das Wasser zusammen und hindert es am Überlaufen. Gleiches geschieht in einem Wassertropfen.

Betrachten Sie das Wasserprofil von der Höhe des Glasrandes aus. Sie werden bemerken, daß es sich sanft über die Öffnung des Glases hinauswölbt und daß der höchste Punkt der Wölbung in der Mitte liegt. Zugleich werden Sie feststellen, daß der Korken durch seinen Auftrieb die schräge Wasserfläche hinaufwandert bis zu deren zentralem, höchstem Punkt.

Warum wollte der Korken nicht in der Mitte schwimmen, bevor das Glas voll war? Gießen Sie wieder ein wenig Wasser aus dem Glas und sehen Sie sich die Wasseroberfläche sorgfältig an. In der Mitte erkennen Sie jetzt keine Wölbung mehr, sondern einen leichten Anstieg des Wassers an den Rändern. Die Wassermoleküle werden nämlich von dem Glas angezogen. Wenn das Glas nicht voll ist, steht das Wasser an den Rändern etwas höher als in der Mitte. Wie zuvor drängt der Auftrieb den Korken zur höchsten Stelle, doch die liegt nun an den Rändern.

# Eine Tausendstelsekunde

Bei den meisten Kameras ist eine Tausendstelsekunde die kürzeste Belichtungszeit, die schnellste Verschlußzeit. Das ist besonders nützlich für Sportfotografen, die kurze Verschlußzeiten wählen, um sehr rasche Bewegungen zu fotografieren. Ein Läufer, der hundert Meter in etwa zehn Sekunden läuft, bewegt sich in einer Tausendstelsekunde ungefähr einen halben Zentimeter, folglich wird das Bild des Läufers in dieser kurzen Zeit kaum verwackeln.

In einer Tausendstelsekunde bewegt sich ein Auto bei einer Geschwindigkeit von neunzig Stundenkilometern etwa zwei Zentimeter. Ein Flugzeug, das tausend Kilometer in der Stunde zurücklegt, kommt ungefähr dreißig Zentimeter voran. Die Saiten eines Klaviers, die das mittlere C erzeugen, schaffen in dieser Zeit ein Viertel einer ganzen Vor- und Rückschwingung.

Im menschlichen Körper produziert ein einziges Molekül des Enzyms Kohlensäureanhydrase in einer Tausendstelsekunde etwa hundert Kohlensäuremoleküle aus Kohlendioxyd und Wasser. Dieser Prozeß trägt zur Regulierung der Kohlendioxydmenge im Blutkreislauf bei.

In einer Tausendstelsekunde schlägt eine Mücke einmal mit den Flügeln. In einer Tausendstelsekunde tickt die elektronische Uhr im Inneren vieler PCs ungefähr 15 000mal, und jedesmal wird eine neue logische Funktion ausgelöst – deshalb können Computer so schnell rechnen.

Noch ein paar Dinge, die sich in einer Tausendstelsekunde abspielen: Ein Lichtstrahl oder eine Radiowelle legt 300 Kilometer zurück – in etwa die Entfernung zwischen Hamburg und Berlin. Ein Raumfahrzeug in einer erdnahen Umlaufbahn bewältigt knapp acht Meter. Die Erde bewegt sich in ihrer Umlaufbahn etwa 300 Meter um die Sonne, der Planet Pluto schafft in seiner Umlaufbahn rund fünf Meter.

Und unser Sonnensystem rückt vierzehn Meter näher an den Stern Vega heran, während es in seiner großen Umlaufbahn um den Mittelpunkt der Milchstraße eine Strecke von rund 220 Metern durcheilt – und das alles in dem kurzen Zeitraum von einer Tausendstelsekunde.

## Berühren und berührt werden

Der sogenannte »Tastsinn« besteht aus mindestens zwei Teilen: dem passiven Tasten, das uns beispielsweise mitteilt, daß sich etwas auf unseren Arm gesetzt hat, und dem aktiven Tasten, bei dem wir uns die Druckempfindung auf der Haut zunutze machen, um unsere Umwelt kennenzulernen.

Eine der ersten wissenschaftlichen Studien zum Unterschied von aktivem und passivem Tastsinn hat der Psychologe James Gibson vor fast dreißig Jahren durchgeführt. Die Studie prüfte die Fähigkeit der Versuchspersonen, sechs verschiedene Ausstechformen für Kekse zu unterscheiden – ein Dreieck, einen Stern, eine Sternschnuppe und so weiter –, ohne hinzuschauen.

Am schlechtesten erkannten die Versuchspersonen die Formen, als man sie ihnen mit Hilfe eines mechanischen Arms auf die ausgestreckte Handfläche drückte, ohne sie zu bewegen – passives Tasten. Nur 29 Prozent der Formen wurden erraten.

Besser schnitten die Versuchspersonen ab, als die Ausstechformen von einer mechanischen Vorrichtung langsam und unter leichtem Druck um eine senkrechte Achse in der Handfläche gedreht wurden. Zweiundsiebzig Prozent der Antworten waren richtig.

Der höchste Prozentsatz richtiger Antworten, 95 Prozent, wurde erzielt, als die Ausstechformen den Versuchspersonen hingehalten wurden und sie sie mit den Fingern untersuchen durften – aktives Tasten.

Diese frühen Experimente von James Gibson führten zu einem fast paradoxen Ergebnis. Wenn wir die Hand stillhalten und ein Gegenstand sie berührt, dann entspricht zwar der Druck auf der Hand der Form des Gegenstandes. Dennoch können wir normalerweise nicht erkennen, um was es sich handelt. Wenn uns dagegen gestattet ist, die Finger über den Gegenstand zu bewegen, erhalten wir einen sehr konkreten Eindruck von seiner Form, auch wenn der Druck auf unsere Finger keine Ähnlichkeit mit dieser Form aufweist. Dazu schrieb Gibson: »Eine klare, verläßliche Wahrnehmung bildet sich, wenn sich der Fluß der Sinneseindrücke am stärksten verändert.«

# Wie weit können Sie an einem klaren Tag blicken?

Wie weit Sie sehen können, hängt davon ab, in welchem Zustand sich die Atmosphäre befindet und ob Ihr Blick auf irgendein Hindernis stößt. Doch wie weit können Sie sehen, wenn wir annehmen, daß die Luft klar ist und Ihr Blick freie Bahn hat?

Da die Erde rund ist, können Sie um so weiter blicken, je höher Sie stehen. Falls Sie eine mathematische Ader haben, können wir mit einer Formel dienen: Multiplizieren Sie die Wurzel aus Ihrer Höhe in Metern mit einem Faktor von $3\frac{1}{2}$, und Sie erhalten die ungefähre Entfernung zum Horizont in Kilometern.

Falls Sie keine mathematische Ader haben, können wir auch mit ein paar Ergebnissen dienen:

Wenn sich Ihre Augen zwei Meter über dem Boden befinden, ist Ihr Horizont rund fünf Kilometer entfernt.

Wenn Sie sich im zehnten Stock eines Hochhauses befinden – in etwa 30 Metern Höhe –, ist Ihr Horizont knapp 20 Kilometer weit weg.

430 Meter hoch – das entspricht etwa der Höhe des Empire State Buildings – kann man an einem klaren Tag mehr als 70 Kilometer weit blicken.

Von einem Flugzeug in 9000 Meter Höhe haben Sie eine Sicht von gut 330 Kilometern. Befänden Sie sich in einem Raumfahrzeug, sagen wir, 160 Kilometer über der Erde, so hätten Sie einen Ausblick von 1400 Kilometern.

Noch einmal die Formel: Multiplizieren Sie die Wurzel aus Ihrer Höhe in Metern mit $3\frac{1}{2}$. Dann erhalten Sie Ihre ungefähre Entfernung in Kilometern zum Horizont – auf der Erde.

Woanders brauchen Sie andere Formeln. Wenn Sie sich beispielsweise auf dem Mond befinden und Ihre Augen anderthalb Meter vom Boden entfernt sind, können Sie nur 2,2 Kilometer weit blicken. Da der Mond kleiner als die Erde ist, hat er eine stärkere Oberflächenkrümmung und einen näherliegenden Horizont.

Könnten Sie sich auf der Sonne aufhalten, so befänden Sie sich auf einer nahezu ebenen Oberfläche. In anderthalb Metern Höhe und ohne Sichthindernis könnten Sie fünfzig Kilometer weit sehen.

Je ebener die Oberfläche, desto weiter können Sie sehen. Wäre die Erde völlig flach, würde sich Ihr Blick an einem klaren Tag wahrhaft endlos erstrecken.

## Edison und die Eierköpfe

Als Thomas A. Edison 1880 an seinen ersten elektrischen Kohlenfadenlampen arbeitete, bemerkte er etwas Sonderbares: Nachdem eine solche Lampe eine Zeitlang gebrannt hatte, setzte sich an ihrer Innenseite ein schwarzer Rückstand ab. Edison vermutete, daß Kohlenstoffteilchen vom heißen Faden ans Glas gelangten. Er versuchte das Problem zu lösen, indem er einen zweiten Draht im Glaskolben einschloß – einen Platindraht, der mit einem Pol der Stromquelle verbunden war, um die Kohlenstoffteilchen anzuziehen.

Als die verbesserte Glühlampe eingeschaltet wurde, floß der elektrische Strom durch den Platindraht, obwohl dieser Zusatzdraht keinem vollständigen Stromkreis angehörte. Offenbar floß Elektrizität durch den leeren Raum innerhalb der Glühlampe vom normalen Faden zum Zusatzdraht! Damals hätte das niemand für möglich gehalten. Ein zu Besuch weilender englischer Ingenieur nannte das Phänomen den »Edison-Effekt«. Heute bezeichnen wir ihn auch als glühelektrischen Effekt.

Erst um die Jahrhundertwende entdeckte man, daß es elektrische Elementarteilchen gibt (die Elektronen zum Beispiel), die sich durch leeren Raum bewegen können.

Anscheinend brachte Thomas Edison nur wenig Interesse für reine Wissenschaft oder Wissenschaftler auf. Er ließ die Speziallampen patentieren und wandte sich anderen Dingen zu. In einem Brief über den glühelektrischen (Edison-)Effekt schrieb er: »Ich habe nie die Zeit gehabt, mich mit der ästhetischen [das heißt, theoretischen] Seite meiner Arbeit zu beschäftigen. Doch ich habe mir sagen lassen, daß sie von großer Bedeutung für einige Gesetze ist, die gerade von der Bruderschaft der Eierköpfe formuliert werden.«

Tatsächlich kann Elektrizität, die sich durch den leeren Raum bewegt, sehr viel schneller und exakter kontrolliert werden als Elektrizität, die durch einen Draht fließt. Als Edison seine abfällige Bemerkung über »die Bruderschaft der Eierköpfe« machte, war ihm die Tragweite seiner Entdeckung offenbar nicht bewußt. Die Glühbirnen mit Zusatzdraht waren die ersten elektronischen Vorrichtungen. Aus ihnen wurden später die Vakuumröhren entwickelt, die das Radio ermöglichten.

## Die Form des Schalls

Für dieses Küchenexperiment brauchen Sie eine Kerze, ein Stück Papier und ein großes Messer. Rollen Sie das Papier um die Kerze, stellen Sie sie auf ein Küchenbrett, und schneiden Sie sie mit dem Messer in zwei Hälften. Allerdings müssen Sie die Kerze diagonal durchteilen, wie eine grüne Bohne – mit anderen Worten, schneiden Sie zwar von oben nach unten, aber stellen Sie dabei das Messer schräg und nicht senkrecht zur Kerze.

Rollen Sie nun das Papier wieder auf, und betrachten Sie die Schnittkante. Sie weist eine wellenförmige Kurve auf, wie das Profil von Wellen auf einem See. Das ist eine der wichtigsten Kurven in der Mathematik und Physik, die sogenannte »Sinuskurve«.

Sinuskurven stellen die Beschaffenheit des Schalls dar. Die wellenartigen Kanten Ihres Papiers könnten den Luftdruck wiedergeben, der in einer Folge von Schallwellen herrscht. Dort wo die Kurve nach oben steigt, ist der Luftdruck etwas höher als durchschnittlich, dort wo sie abfällt, ist der Druck geringer. Wenn eine regelmäßige Folge von hohem und niedrigem Druck auf Ihr Trommelfell trifft, vernehmen Sie einen musikalischen Ton.

Betrachten Sie die wellenförmigen Kanten Ihres Papiers und stellen Sie fest, wie weit die Wellen voneinander entfernt sind – der Physiker oder Ingenieur spricht hier von der Wellenlänge. Die Entfernung zwischen den Wellen entspricht der Tonhöhe. Wenn die Wellen dicht nebeneinander liegen – mit anderen Worten, wenn die Wellenlänge kürzer ist – hört man einen hohen Ton. Sie können eine kürzere Wellenlänge erzielen, indem Sie das Papier um eine dünnere Kerze rollen und sie dann auf die gleiche Weise zerschneiden wie zuvor.

Betrachten Sie die wellenförmigen Kanten und prüfen Sie, wie weit die Wellen nach oben und nach unten reichen.

Das entspricht der Lautstärke der Schallwelle. Diesen Aspekt können Sie verändern, indem Sie den Winkel des Messers beim Durchschneiden der Kerze verändern. Wenn Sie das Messer eher parallel zur Kerze halten, bekommen Sie eine Sinuskurve mit höheren Hochs und tieferen Tiefs.

# Die falsche Formel für Wasser

Die meisten von uns kennen die chemische Formel für Wasser: $H_2O$. Mit anderen Worten: Ein Wassermolekül besteht aus zwei Wasserstoffatomen und einem Sauerstoffatom. Doch noch im 19. Jahrhundert haben die Chemiker lange Zeit gemeint, die Formel laute HO: ein Wasserstoff- und ein Sauerstoffatom pro Wassermolekül.

Die falsche Formel ging auf die Arbeit des englischen Chemikers John Dalton zurück, der 1842 das Werk *A New System of Chemical Philosophy* veröffentlichte. Darin vertrat er die folgende Auffassung:

Materie besteht aus verschiedenartigen Atomen – Wasserstoff aus Wasserstoffatomen, Sauerstoff aus Sauerstoffatomen und so fort. Weiterhin meinte Dalton, daß Atome sich in unterschiedlichen Kombinationen zu Molekülen zusammenfügen können und daß es deshalb so viele verschiedene chemische Stoffe gibt.

Zu Daltons Zeit kannten Chemiker nur eine Substanz, die aus Wasserstoff und Sauerstoff bestehen konnte: Wasser. Dalton vermutete deshalb, daß ein Wassermolekül aus einem Wasserstoffatom und einem Sauerstoffatom bestehe, denn das war die denkbar einfachste Zusammensetzung. Die Formel hätte also HO lauten müssen.

An sich war Daltons Vermutung ganz vernünftig, nur übersah er einige wichtige Punkte. Ihm war nicht bekannt – und auch sonst niemandem im Jahre 1842 –, daß Wasser nicht die einzige chemische Verbindung aus Wasserstoff und Sauerstoff ist. Daltons Fehler lag also in der Annahme, daß sich Wasserstoff und Sauerstoff nur auf eine einzige, einfache Art verbinden.

John Dalton gehört zu den großen Persönlichkeiten in der Geschichte der Wissenschaft. Seiner Arbeit zu Anfang des 19. Jahrhunderts verdanken wir wichtige Erkenntnisse über die Beschaffenheit und Verbindung von Atomen. Allerdings lagen damals die Ergebnisse bestimmter Experimente mit Wasserstoff und Sauerstoff noch nicht vor, so daß Dalton mit der falschen Formel für Wasser aufwartete.

## Die Entdeckung der Viren

Das Wort Virus ist lateinisch und bedeutet »giftige Flüssigkeit«. In dieser Gestalt traten Viren vor einem Jahrhundert erstmals in Erscheinung.

1890 erhielt der Botaniker Dmitri Iossifowitsch Iwanowski vom russischen Landwirtschaftsministerium den Auftrag, die sogenannte »Mosaikkrankheit« zu untersuchen, die auf der Halbinsel Krim die Tabakpflanzen zerstörte. Iwanowski fand heraus, daß nur der Saft einer bereits infizierten Pflanze die Mosaikkrankheit auf eine gesunde Pflanze übertragen konnte. Bemerkenswerterweise konnte der Saft eine gesunde Pflanze auch dann noch anstecken, wenn man alle Bakterien aus dem Saft herausgefiltert hatte. Deshalb vermutete Iwanowski, daß lebende Teilchen, die kleiner als alle bekannten Bakterienarten waren, die Krankheit auslösten.

In den neunziger Jahren des vorigen Jahrhunderts befaßte sich auch Willem Martinus Beijerinck in Holland mit dem Tabakmosaik. Wie Iwanowski stellte er fest, daß gefilterter Saft eine ursprünglich gesunde Pflanze anstecken konnte. Der Saft dieser zweiten Pflanze konnte dann eine dritte anstecken und so fort. Beijerinck vermutete, das Virus, wie er den geheimnisvollen Erreger nannte, vermehre sich mit Hilfe von Reproduktionsmechanismen in den Pflanzenzellen.

Heute gelten Dmitri Iwanowski und Martinus Beijerinck gemeinsam als Entdecker des Virus. Das war, wie gesagt, Ende des 19. Jahrhunderts. Allerdings sollte es noch Jahrzehnte dauern, bis man herausfand, wie Viren tatsächlich verfahren. Nach heutigem biologischen Erkenntnisstand ist ein Virus ein Teilchen, das viel kleiner und einfacher als eine Zelle ist, mit Vorliebe eine bestimmte Zellart, die Zielzelle, angreift und die chemischen Mechanismen in dieser Zelle dazu veranlaßt, neue Viren herzustellen. Viren vermehren sich nur in lebenden Zellen. Wie Iwanowski und Beijerinck vermuteten, unterscheiden sich Viren grundlegend von allen anderen lebenden Organismen.

# Zellen werden alt und sterben

Alle lebenden Zellen sind aus anderen Zellen entstanden. Eine Zelle bringt neue Zellen hervor, indem sie sich teilt. Doch in den sechziger Jahren fand man in Experimenten heraus, daß einige Zellen den Teilungsprozeß nicht endlos fortsetzen.

Einige Zellen, die im menschlichen Körper Bindegewebe bilden, teilen sich beispielsweise nicht öfter als fünfzigmal. Das hat man beobachtet, als man menschliche Gewebezellen in Glasschälchen gezüchtet hat. Irgendwie zählen die Zellen ihre Teilungen und beenden sie etwa bei der fünfzigsten, selbst dann, wenn genug Nahrung und Platz zur Verfügung stehen. Danach sterben die Zellen. Temperatur und andere Faktoren beeinflussen die zeitlichen Abstände zwischen den Teilungen, nicht aber die Anzahl der Teilungen.

Altern und sterben wir, weil unsere einzelnen Zellen nach fünfzig Teilungen altern und sterben? Das ist ein interessanter Gedanke, doch der Grenzwert von fünfzig Teilungen kann nicht die einzige Erklärung sein. Erstens haben viele Zellen diese Grenze noch nicht erreicht, wenn alte Menschen sterben. Zweitens wurde der Grenzwert von fünfzig Teilungen bei einer Zellart beobachtet, die sich besonders häufig teilt. Viele Veränderungen, die mit dem Altern in Verbindung stehen, vollziehen sich in Zellarten, die sich sehr viel seltener teilen. Mithin ist die wirkliche Bedeutung dieses Grenzwerts für Teilungsprozesse noch unbekannt.

Einige Zellen genießen eine Art Unsterblichkeit – sie teilen sich unendlich oft, egal, wie eng es für sie wird, solange sie genug Nahrung erhalten. Das sind die Krebszellen.

## Töne unterscheiden

Singen Sie in die Saiten eines Klaviers hinein, während Sie das rechte Pedal drücken, und Sie werden den Widerhall der Töne hören, die Sie gerade gesungen haben. Das Pedal hebt die Dämpfer von den Saiten, so daß sie frei schwingen können. Der Schall Ihrer Stimme versetzt die Saiten in Schwingungen – doch nicht alle gleichmäßig. Die Saiten, die am stärksten schwingen und ihre Schwingungen noch fortsetzen, nachdem Sie schon aufgehört haben zu singen, sind diejenigen, die auf die gesungenen Tonhöhen eingestimmt sind.

Ähnliches geschieht auch im menschlichen Ohr. In einer mit Flüssigkeit gefüllten Kapsel im Innenohr befindet sich ein spiralförmig aufgewickeltes Gewebeband von etwa drei Zentimetern Länge, die sogenannte »Basilarmembran«. Sie ist frei beweglich, so daß sie ungehindert auf die von außen kommenden Schwingungen reagieren kann. Wie verschiedene Klaviersaiten in verschiedenen Frequenzen schwingen und dadurch unterschiedliche Tonhöhen erzeugen, schwingen verschiedene Teile der Basilarmembran am stärksten bei verschiedenen Frequenzen.

Allerdings gibt es einen Unterschied zwischen der Basilarmembran und einem Klavier. Die Basilarmembran besteht aus einem einzigen Stück elastischen Gewebes von ganz bestimmter Form – an einem Ende dick und am anderen sehr dünn, wie ein winziger Meißel. So unterscheidet die Basilarmembran Tonhöhen nicht durch gestimmte Saiten, sondern durch ihre besondere Form.

Die stärksten Schwingungen erfolgen am dicken Ende bei hohen Frequenzen und am dünnen Ende bei tiefen Frequenzen. Nerven, die mit der Membran verbunden sind, schicken Signale zum Gehirn und teilen ihm mit, welches Ende am heftigsten schwingt.

Wenn zwei oder mehrere Töne gleichzeitig zu hören sind, wird die Membran an zwei oder mehreren Stellen stark vibrieren. Deshalb können wir in einem Akkord einzelne Töne unterscheiden. Dank ihrer besonderen Form erkennt die Basilarmembran des Innenohrs Schwingungen anhand der Frequenzen.

Der höchste Ton, den das menschliche Ohr wahrnehmen kann,

entspricht etwa zwanzigtausend Schwingungen in der Sekunde. Wie wir das machen? Nicht durch Zählen der Schwingungen.

Ein Nerv – so zum Beispiel einer, der das Ohr mit dem Gehirn verbindet – kann keine zwanzigtausend Impulse in der Sekunde weiterleiten. Er bekommt schon bei mehr als fünfhundert oder tausend Impulsen in der Sekunde Schwierigkeiten.

Die Unfähigkeit von Nerven, solch hohe Frequenzen zu übermitteln, überspielen Ohr und Gehirn mit einer eigenen Methode. Ein Bereich der Basilarmembran beginnt bei zwanzigtausend Schwingungen pro Sekunde in Resonanz zu schwingen. Die mit diesem Bereich verbundenen Nerven schicken dem Gehirn nun keine zwanzigtausend Nervenimpulse pro Sekunde, sondern eine Nachricht, die für diese zwanzigtausend Schwingungen pro Sekunde steht. Das Gehirn übersetzt die Nachricht in eine Tonwahrnehmung.

Bei tiefen Tönen – beispielsweise einem Baßton von rund hundert Schwingungen pro Sekunde – wird übrigens ein anderes Verfahren angewendet. In diesem Falle schickt unser Ohr einen Impuls für jede Schwingung des Trommelfells – also hundert Impulse pro Sekunde für diesen Baßton.

## Das Echo eines Zuges

Sie stehen an einem Bahngleis, und ein vorbeifahrender Zug läßt sein Signal ertönen. Während der Zug an Ihnen vorbeirast, wird der Signalton tiefer.

Stellen Sie sich Töne als Wellen aus leicht zusammengepreßter Luft vor, die sich durch die Luft bewegen. Die wahrgenommene Tonhöhe hängt davon ab, wie viele Schallwellen Ihr Trommelfell in der Sekunde erreichen. Je mehr Schallwellen pro Sekunde, desto höher der Ton.

Wenn sich der Zug nähert, ist Ihnen das Signalhorn bei jeder neuen Schallwelle etwas näher gekommen als bei der letzten. Deshalb sind die Schallwellen zusammengedrängt, wenn sie an Ihr Ohr gelangen. Sie hören einen höheren Ton als bei einem stillstehenden Zug.

Wenn sich der Zug entfernt, stößt das Signalhorn jede neue Schallwelle ein wenig weiter entfernt als die vorherige aus. Aus diesem Grund sind die Schallwellen etwas gestreckt, wenn Sie Ihr Ohr erreichen, so daß Sie einen tieferen Ton vernehmen.

In dem Zeitintervall, das der Zug braucht, um näher zu kommen, vorbeizufahren und sich zu entfernen, fällt also die Tonhöhe des Signals: ein bekanntes Beispiel für den Doppler-Effekt.

Versuchen Sie, nach Passieren des Zuges auf folgendes Phänomen zu achten: Lauschen Sie dem Echo des Signals, das in Fahrtrichtung von Flächen am Gleis zurückgeworfen wird, die der Zug noch nicht erreicht hat. Das Echo ist höher im Ton als das Signal selbst. Die Fläche, die den Schall reflektiert, empfängt dichter zusammengedrängte Schallwellen, weil der Zug sich dieser fernen Fläche nähert. Die schallreflektierende Oberfläche bewegt sich nicht, deshalb modifiziert sie die Tonhöhe auch nicht, bevor sie den Schall zu Ihnen zurückwirft.

Wenn sich also der Zug von Ihnen entfernt, dann lauschen Sie auf einen Signalton in einer bestimmten Höhe und auf ein nachfolgendes Echo, das höher ist.

## Mikroentladungen und Flugzeugunglücke

Drehen Sie den Wasserhahn in Ihrer Küche auf, und beobachten Sie, wie der Wasserstrahl auf den Boden des Spülbeckens trifft und nach allen Seiten auseinanderspritzt. Damit haben Sie ein Modell für eine der Hauptursachen von Flugzeugabstürzen vor Augen. Das Wasser aus dem Hahn simuliert einen heftigen, örtlich begrenzten Abwind in der Luft – eine sogenannte »Mikroentladung« –, wie sie in Gewitterwolken entsteht.

Unternehmen Sie eine fiktive Reise über den Boden Ihres Spülbeckens, während das Wasser läuft. Solange Sie sich der herabstürzenden Wassersäule nähern, bewegen Sie sich gegen die Strömung. Dann gelangen Sie direkt unter den Hahn und spüren eine gewaltige Kraft, die Sie nach unten drückt. Schließlich kommen Sie auf der anderen Seite aus dem Wasserstrahl heraus. Die Strömung erfaßt Sie jetzt von hinten; Sie bewegen sich mit ihr.

Diese Analogie zeigt, warum es gefährlich ist, durch eine Mikroentladung in der Atmosphäre zu fliegen. Zuerst bekommt es das Flugzeug, das sich einer Mikroentladung nähert, mit heftigem Gegenwind zu tun, der die Luftgeschwindigkeit an den Tragflächen erhöht und damit den Auftrieb verstärkt. Bekanntlich können Tragflächen nur Auftrieb erzeugen, wenn Luft mit hoher Geschwindigkeit an ihnen entlangströmt. Dann packt das Flugzeug plötzlich ein Abwind von hundertsechzig Stundenkilometern, der es nach unten drückt. Kurz darauf bekommt es starken Rückenwind, der die Geschwindigkeit der Luft an den Tragflächen verringert. Dadurch wird der Auftrieb beeinträchtigt und dem Piloten die Kontrolle über das Flugzeug genommen. Einem Flugzeug, das in einer Höhe von mehreren tausend Metern fliegt, bleibt genügend Zeit, sich von diesem Zwischenfall zu erholen, einem Flugzeug, das sich bereits im Landeanflug befindet, unter Umständen nicht.

In Flugzeugen und auf einigen Flughäfen hat man Instrumente angebracht, die solche Mikroentladungen erfassen, damit Piloten und Fluglotsen bessere Chancen haben, ihnen auszuweichen. Doch selbst mit solchen Instrumenten werden Flugzeuge auch weiterhin alle Situationen vermeiden müssen, in denen Mikroentladungen auftreten können.

## Was befindet sich in einem Atom?

Wenn man eine Stahlmurmel in weiche Baumwolle wickeln würde und mit Schrot beschösse, dann gingen die meisten Schrotkugeln durch die Baumwolle hindurch. Einige wenige allerdings träfen die Kugel in der Mitte und würden abprallen. An diesen Querschlägern ließe sich erkennen, daß sich etwas Kleines, Schweres und Hartes in der Baumwolle befindet. Im Prinzip wurde auf diese Weise 1911 der Atomkern entdeckt.

Hans Geiger, Ernest Mardsen und Ernest Rutherford von der University of Manchester beschossen Atome mit winzigen Teilchen und beobachteten, wo die Teilchen landeten. Die winzigen Teilchen stammten von radioaktivem Radium – es strahlt die sogenannten »Alphateilchen« in alle Richtungen ab. Mit solchen Alphateilchen beschossen Geiger und Mardsen Stücke einer dünnen Metallfolie. Um zu sehen, wohin die Teilchen danach gingen, entwickelten sie einen speziellen Sichtschirm – eine Glasplatte, die mit einem chemischen Stoff beschichtet war: Jedesmal, wenn ein Teilchen traf, gab es einen Lichtblitz.

Geiger und Mardsen stellten ihren Schirm an verschiedenen Stellen rund um die Folie auf und zählten die Blitze. So konnten sie feststellen, wie viele Teilchen in jeder Richtung von der Folie kamen. Das Ergebnis: Die meisten Alphateilchen gingen direkt durch die Folie, doch ein kleiner Prozentsatz prallte von ihr ab.

Ernest Rutherford lieferte eine Deutung: Die Atome in der Folie bildeten zumeist leere Räume. Doch in jedem Atom mußte sich etwas Hartes, Kleines und Schweres befinden – ein Kern. Wenn ein Radiumteilchen zufällig den Kern traf, prallte es ab.

Als Geiger, Mardsen und Rutherford also 1911 einige Atome mit winzigen Teilchen beschossen, stellten sie fest, daß einige Teilchen abprallten, und schlossen daraus, daß ein Atom einen Kern hat.

## Tau-Bogen

Vermutlich haben Sie schon einmal im Anschluß an ein Gewitter an einem warmen Nachmittag nach einem Regenbogen Ausschau gehalten. An einem kalten klaren Morgen können Sie auch nach einem Tau-Bogen im Gras suchen.

Ein Tau-Bogen sieht ganz wie ein Regenbogen aus, nur befindet er sich am Boden und steht im Vergleich zum Regenbogen auf dem Kopf. Sehen können Sie ihn nur, wenn Sie die Sonne im Rücken haben. Schauen Sie in die Richtung des Schattens, den Ihr Kopf wirft. Der Tau-Bogen – wenn denn einer da ist – bildet einen großen Teilkreis um diesen Schatten.

Tau- und Regenbogen basieren auf dem gleichen Prinzip. Wenn Sonnenlicht auf einen Wassertropfen trifft, wird es beim Eintritt in den Tropfen gebeugt, an seiner Hinterwand gespiegelt und beim Austritt abermals gebeugt. Das hat zur Folge, daß der größte Teil des Lichts in einem Winkel von ungefähr zweiundvierzig Grad zur Eintrittsrichtung aus dem Wassertropfen zurückkommt.

Dieser Zweiundvierzig-Grad-Winkel ist charakteristisch für runde Wassertropfen. Bestünden Regen und Tau aus einer anderen Flüssigkeit als Wasser, dann wäre der Winkel auch anders.

Die Zahl zweiundvierzig ist nicht ganz exakt. Verschiedene Farben des Lichtes werden in leicht voneinander abweichenden Winkeln gebeugt – deshalb zerlegt ein Regen- oder Tau-Bogen weißes Sonnenlicht in Farben.

An einem klaren, kühlen, tauigen Morgen ist das Gras vor Ihnen mit Millionen von Wassertropfen bedeckt, die alle vom Sonnenlicht beschienen werden. Wenn Sie einen Tau-Bogen – oder Regenbogen – entdecken, dann sehen Sie nur das Licht der Tropfen, die sich zufällig am richtigen Ort befinden, um das Sonnenlicht in Ihr Auge zurückzuwerfen.

## Halogenlampen

Gewöhnliche Glühlampen werden im Alter trüb. Wenn die Glühlampe in Betrieb ist, verdunsten Atome des heißen Wolframdrahts und setzen sich an der Innenseite des Glases ab. Je mehr Wolfram sich an der Innenseite des Glaskolbens sammelt, desto weniger Licht gelangt nach draußen. Schließlich verliert der Draht so viel Wolfram, daß er reißt – die Lampe »brennt durch«.

Halogenlampen sind so konstruiert, daß sie dem Wolframverlust entgegenwirken. Die Lampen enthalten ein Gas aus der sogenannten Halogenfamilie der chemischen Elemente. Oft wird Jodgas benutzt. In der Halogenlampe verbinden sich die Jodatome mit den Wolframatomen, die sich vom Draht lösen, und bilden ein neues Molekül, das sich nicht mehr an der Innenseite der Glühlampe absetzt, solange das Glas sehr heiß ist. Statt dessen wandert das neue Jod-Wolfram-Molekül zum Draht und gibt das Wolframatom an ihn zurück! Nun sind die Jodatome wieder bereit, verdunstete Wolframatome einzufangen.

Das Prinzip funktioniert nur, wenn die Innenseite der Glühlampe sehr heiß ist – rund 1000°C. Der Kolben einer Halogenlampe ist sehr klein, damit das Glas nicht weit vom Draht entfernt ist und schnell heiß wird. Er wird aus Quarz hergestellt, nicht aus gewöhnlichem Glas, damit er nicht schmilzt. Oft umgibt man diesen kleinen, zerbrechlichen Quarzkolben noch mit einem großen Glaskolben, um den Quarz zu schützen und um zu verhindern, daß der Benutzer sich am heißen Quarz die Finger verbrennt.

Aufgrund ihrer besonderen Bauart kosten Halogenlampen mehr, bleiben dafür aber auch heller und halten länger als gewöhnliche Lampen.

## Wann explodieren Brauseflaschen und wann nicht?

Kohlensäurehaltige Getränke in luftdicht verschlossenen Flaschen enthalten gelöstes Kohlendioxyd. Dieses Gas beginnt zu entweichen, sobald die Verschlußkappe geöffnet wird. Lassen Sie eine ungeöffnete Flasche mit einem solchen Getränk einen ganzen Tag lang ruhig stehen, und öffnen Sie dann vorsichtig den Verschluß. Sie hören das Zischen des entweichenden Kohlendioxyds, aber die Flüssigkeit rührt sich nicht. Wenn Sie andererseits die Flasche vor dem Öffnen fünf Sekunden lang schütteln, gibt es, wie jeder weiß, eine kleine Explosion, die sichtbare und dauerhafte Spuren auf Möbeln und Teppichen in der Umgebung hinterläßt.

Man könnte vermuten, das sich beim Schütteln der Druck in der Flasche erhöht. Keineswegs, vielmehr entstehen beim Schütteln Blasen. Das Getränk sprudelt und spritzt in der geschlossenen Flasche umher. Dabei wird hier und da unter der Oberfläche Kohlendioxyd eingeschlossen, so daß in der Flüssigkeit Blasen entstehen, die vorher nicht da gewesen sind. Der Druck ist gleich geblieben, nur sind mehr Blasen da. Wenn Sie die Flasche öffnen, dehnen sich die Blasen plötzlich aus, weil der Gasdruck in ihnen viel größer als der atmosphärische Druck ist. Die rasch expandierenden Blasen drängen Flüssigkeit zum Flaschenhals hinaus.

Schütteln Sie die Flasche nicht, so sind kaum oder keine Blasen in der Flüssigkeit. Das meiste Kohlendioxyd, das nicht unsichtbar in der Flüssigkeit gelöst ist, befindet sich über der Oberfläche, von wo es beim Öffnen der Flasche entweichen kann, ohne Schaden anzurichten.

Allerdings kann eine plötzliche und heftige Temperaturschwankung den Druck in einer Brauseflasche verändern und sie zum Explodieren bringen. Beim Erwärmen dehnt sich nicht nur das bereits vorhandene Kohlendioxyd aus, sondern es läßt auch bis dahin in der Brause gelöstes Kohlendioxyd austreten, in Gasblasen zur Oberfläche aufsteigen und den Druck dadurch noch mehr ansteigen.

Solange die Temperatur sich also nicht verändert, wird das bloße Schütteln einer Brauseflasche den Druck nicht verstärken – es entstehen lediglich mehr Blasen. Wenn Sie die Verschlußkappe entfernen, drängen die expandierenden Blasen einen Teil der Flüssigkeit mit einer Kraft hinaus, deren Verwendung von Ihrer Vernunft und Urteilsfähigkeit abhängt.

## Es kommt nicht drauf an, was Sie hören – sondern wann Sie es hören

Sie sitzen in den letzten Reihen eines großen Vortragssaals, und vorne auf der Bühne spricht jemand. Wenn Sie den Sprecher deutlich hören können, gibt es vermutlich ein Lautverstärkungssystem – ein System aus Mikrofonen, Verstärkern und Lautsprechern.

In einigen Auditorien ertönt die Stimme des Vortragenden nicht aus einem Lautsprecher auf der Bühne, sondern aus vielen Lautsprechern, die in der Decke oder den Wänden des Saals angebracht sind. Dadurch befindet sich in der Nähe jedes Zuschauers ein Lautsprecher. Allerdings bringt dieses Verfahren auch Probleme mit sich. Elektronische Signale können fast ohne Zeitverzögerung durch die Luft ans andere Ende des Raumes gelangen, während der wirkliche Laut dafür den beträchtlichen Teil einer Sekunde benötigt. Folglich muß ein gutes Lautverstärkungssystem das Signal mit einer Verzögerung von einem Sekundenbruchteil zu den Lautsprechern am hinteren Ende des Raumes übertragen.

Wie groß sollte die Verzögerung sein? Man sollte meinen, der elektronisch verstärkte Laut müßte Sie durch die Lautsprecher genau in dem Augenblick erreichen, da auch der wirkliche Laut durch die Luft zu Ihnen gelangt. Doch Toningenieure und Psychologen haben festgestellt, daß die Verzögerung einen Moment – vielleicht eine fünfzigstel Sekunde – länger dauern muß, um einen möglichst natürlichen Laut zu erzeugen.

Das liegt am sogenannten »Präzedenz-Effekt« des menschlichen Hörens. Wenn der wirkliche Laut Ihr Ohr eine fünfzigstel Sekunde vor dem verstärkten Laut erreicht, haben Sie den Eindruck, daß der Laut von der Bühne kommt und nicht aus den Lautsprechern in der Wand. Das gilt selbst dann, wenn die Lautsprecher stärker ertönen als der tatsächliche Laut!

Schall scheint immer aus der Quelle zu kommen, die ihn zuerst hervorbringt. Wenn ein derartiges Lautverstärkungssystem mit der richtigen Verzögerung arbeitet, bemerken Sie möglicherweise gar nicht, daß ein Verstärker benutzt wird.

## Schwereloses Wasser

Stechen Sie nahe dem Boden ein Loch in eine leere Blechdose. Füllen Sie die Dose mit Wasser. Natürlich wird ein Wasserstrahl aus dem Loch kommen. Füllen Sie das Gefäß erneut und lassen es aus einer Höhe von anderthalb bis zwei Metern fallen. Sie werden bemerken, daß während des Falls kein Wasser aus dem Loch dringt. Solange die Dose fällt, ist das Wasser im Verhältnis zu ihr schwerelos.

Begreiflich wird der Vorgang, wenn Sie sich klarmachen, daß die Schwerkraft alle fallenden Gegenstände – Wasser, Dosen und andere Dinge – mit der gleichen Beschleunigung versieht. (Den Luftwiderstand lassen wir beiseite, weil er den Aspekt, auf den es hier ankommt, nicht beeinflußt.) Wenn die Dose mit dem Loch auf einem Tisch steht, kann sie aus Mangel an Bewegungsfreiheit nicht in Richtung des Bodens beschleunigen. Dafür entweicht das Wasser, das gegen die Dosenwände drückt, durch das Loch und beschleunigt in Richtung des Bodens.

Wenn Sie die Dose mit dem Loch fallen lassen, sorgt die Schwerkraft dafür, daß Dose wie Wasser mit gleicher Beschleunigung zu Boden fallen. Die Schwerkraft wirkt aufs Wasser ein, aber auch auf die Dose. Deshalb drückt das Wasser nicht mehr gegen die Wände und den Boden der Dose. Schwerelos geworden, spritzt das Wasser nicht mehr aus dem Loch.

Dieser Effekt zeigt sich nicht nur, wenn Sie die wassergefüllte Dose gerade nach unten fallen lassen. Sie könnten sie zum Beispiel auch zur Seite werfen. Egal, wie Sie sie werfen – sobald sie Ihre Hand verläßt, dringt kein Wasser mehr durchs Loch.

Nehmen Sie folgenden Fall: Wenn Sie die Dose mit einer Geschwindigkeit von siebenundzwanzigtausend Stundenkilometern zur Seite werfen könnten, dann wäre sie so schnell wie ein Spaceshuttle, das die Erde umkreist. Wiederum wäre das Wasser schwerelos – und deshalb sind auch die Astronauten in der Raumfähre schwerelos.

## Wärme von einer kalten Lampe

Nehmen Sie eine Lampe, die mehrere Stunden lang ausgeschaltet war, so daß die Glühlampe völlig kalt ist. Berühren Sie die Glühlampe mit den Fingern. Sie fühlt sich ebenso kalt oder warm an wie jeder andere Gegenstand im Raum.

Schalten Sie die Lampe jetzt fünf Sekunden lang an, die Finger in ihrer Nähe, aber ohne sie zu berühren, dann schalten Sie sie wieder aus. Während der fünf Sekunden, die die Lampe brennt, scheint die Glühlampe Wärme auszustrahlen. Fassen Sie die Glühlampe erneut an, unmittelbar nachdem Sie sie ausgeschaltet haben; die Glühlampe fühlt sich fast genauso kalt an wie zuvor. Es erscheint paradox – eine Glühlampe, die nicht warm ist, kann Ihre Finger wärmen.

Tatsächlich beweist dieses Experiment, daß Licht und Wärme nicht dasselbe sind. Wenn Sie die Lampe einschalten, trifft Licht auf Ihre Finger – viel sichtbares Licht und noch mehr unsichtbares Infrarotlicht. Licht, gleich welcher Art, ist in Wirklichkeit Energie, die sich durch den Raum bewegt. Wenn Licht, ob sichtbar oder nicht, auf einen Gegenstand trifft – Ihre Hand zum Beispiel –, kann die Energie in andere Formen umgewandelt werden. In diesem Falle verwandelt sich die Lichtenergie in winzige, zufällige Bewegungen der Atome Ihrer Haut – mit anderen Worten, in Wärme.

Wärme kann auch direkt durch Materie übertragen werden. Wenn Sie Ihre Hand über die Glühlampe halten, werden Sie rasch zusätzliche Wärme durch die Luft empfangen, die, von der Glühbirne erwärmt, zu Ihrer Hand aufsteigt. Doch sogar wenn Sie die Hand in die kühlere Luft unter der Glühlampe halten, können Sie die Wärme spüren, die das Licht erzeugt.

Auf die gleiche Weise erwärmt die Sonne unsere Erde: Sonnenlicht – sichtbares und unsichtbares – bewegt sich 150 Millionen Kilometer durch luftleeren Raum und verwandelt sich erst in Wärme, wenn es auf die Erde oder ein anderes Objekt trifft, ein Raumfahrzeug etwa. Gewiß, die Oberfläche der Sonne ist heiß – genauso wie der Draht in der Glühlampe –, doch diese Wärme wird nicht direkt auf weit entfernte Objekte übertragen. Das Licht der Sonne erwärmt die Erde.

## Spieglein, Spieglein an der Wand

Nehmen wir an, Sie möchten einen Spiegel an die Wand hängen – einen Spiegel, der so groß ist, daß Sie sich in voller Länge betrachten können, auf einen Blick vom Scheitel bis zur Sohle. Wie groß muß dieser Spiegel sein?

Vielleicht denken Sie im ersten Augenblick, der Spiegel müßte genauso groß sein wie Sie selbst. Doch das ist falsch. Wenn seine Oberkante die gleiche Höhe hat wie Ihr Scheitel, braucht der Spiegel nur halb so lang zu sein wie Sie, damit Sie sich in ganzer Länge darin sehen können, vom Kopf bis zu den Füßen.

Diesen Sachverhalt können Sie sich verdeutlichen, wenn Sie sich klarmachen, daß der Blick in den Spiegel so ähnlich ist wie der Blick durch ein Loch in der Wand. Sie können große Dinge durch kleine Öffnungen sehen. Einen ein Meter achtzig großen Menschen können Sie durch ein Schlüsselloch betrachten, wenn Sie Ihre Augen nahe genug ans Schlüsselloch bringen und wenn dieser Mensch ein Stück vom Loch entfernt steht.

In einen Spiegel zu blicken, ist also so ähnlich, wie durch ein Schlüsselloch zu schauen. Mit einem entscheidenden Unterschied: Die Öffnung, die der Spiegel darstellt, befindet sich immer genau auf halbem Weg zwischen Ihnen und Ihrem Spiegelbild. Wenn Sie einen Meter von dem Spiegel entfernt stehen, erscheint Ihr Spiegelbild auch einen Meter dahinter. Egal wo Sie stehen, der Spiegel ist immer genau in der Mitte zwischen Ihnen und Ihrem Spiegelbild. In einen Spiegel zu schauen ist folglich so, als würden Sie durch ein Fenster blicken, das sich genau in der Mitte zwischen Ihnen und Ihrem Spiegelbild befindet. Da nun aber dieses Fenster exakt zwischen Ihnen und Ihrem Spiegelbild liegt, braucht es auch nur halb so groß zu sein wie Ihr Spiegelbild, um Sie in voller Länge wiederzugeben.

## Künstliche Aromen bedeuten weniger »chemische Stoffe«

In reifen Äpfeln haben Chemiker über hundert verschiedene chemische Verbindungen entdeckt, die zum Apfelgeschmack beitragen. Natürlich gibt es viele Zuckerarten, die dem Apfel seine Süße geben, und Säuren, die für das säuerliche Aroma sorgen. Doch die charakteristische Note des Apfelgeschmacks entsteht aus dem Zusammenklang sehr kleiner Mengen der übrigen mehr als hundert verschiedenen Verbindungen. Der Geschmack vieler Dinge, die wir essen und trinken, ergibt sich aus ähnlichen Mischungen großer Mengen von Stoffen. Im Kaffee hat man über sechzig Verbindungen gefunden, die zum Geschmack beitragen. In Schottischem Whisky über dreihundert.

Fast alle diese Verbindungen lassen sich künstlich in großen Mengen herstellen und so mischen, daß ein bestimmter Geschmack entsteht.

Für den kostenbewußten Lebensmittelproduzenten stellt sich dabei vor allem die Frage, welche dieser vielen Dutzend oder hundert Verbindungen wirklich notwendig sind, damit das künstliche Aroma täuschend echt wirkt. Manchmal reichen schon ein paar der wichtigsten Geschmackstoffe aus, um ein natürliches Aroma sehr gut zu imitieren. Warum sollte man beispielsweise ein Himbeeraroma aus hundert Verbindungen zusammenmischen, wenn auch zehn dem Geschmack der echten Himbeere sehr nahe kommen?

So gibt es eine patentierte Formel für künstliches Himbeeraroma, die nicht mehr als sieben Verbindungen braucht. Eine patentierte Erdbeerformel kommt mit acht, eine patentierte Schokoladenformel mit nur vier aus. Eigentlich sollte man meinen, daß ein künstliches Aroma mehr »chemische Stoffe« enthält als sein natürliches Gegenstück, tatsächlich aber ist eher das Gegenteil der Fall. Wenn ein künstliches Aroma künstlich schmeckt, liegt es möglicherweise nicht daran, daß es zu viele, sondern daß es zu wenig chemische Stoffe enthält.

## Fangen Sie einen fallenden Geldschein auf

Hier habe ich einen frischen, geglätteten Zehnmarkschein. Ich halte ihn an einer der kurzen Seiten zwischen Daumen und Zeigefinger meiner linken Hand, so daß er gerade und senkrecht herabhängt. Daumen und Zeigefinger der rechten Hand halte ich so, daß sich die untere, herabhängende Seite des Geldscheins zwischen ihnen befindet, sie aber nicht ganz berührt.

Die Übung dient dazu, meine rasche Reaktionsfähigkeit unter Beweis zu stellen: Ich werde nämlich den Griff der linken Hand lösen und mit der rechten Hand zupacken, bevor der Schein durch meine Finger gefallen ist. Ich habe ein wenig gerechnet und schätze, daß der Schein in einer fünftel Sekunde nach dem Loslassen eine Strecke fällt, die seiner eigenen Länge entspricht. Ich hingegen bin so schnell, daß ich den Schein fassen kann, bevor er auch nur die Hälfte seiner eigenen Länge fallen kann. Da – ich habe den Schein so gefangen, daß mein Daumen auf dem Porträt von Carl Friedrich Gauß liegt.

Nun versuchen Sie es einmal. Ich lasse den Schein so herabhängen, daß die untere Kante direkt zwischen Ihren Fingern liegt. Ohne Warnung lasse ich den Schein fallen. Doch Sie sind nicht schnell genug, um ihn zu fangen. Wieder und wieder verfehlen Sie ihn.

In Wirklichkeit betrüge ich. Wenn Sie den Schein fallen ließen und ich müßte ihn greifen, dann wäre ich nicht mehr in der Lage, meine Reaktionsfähigkeit unter Beweis zu stellen. Bei dieser Versuchsanordnung erteilt mein Gehirn nämlich gleichzeitig zwei Befehle: »fallen lassen« und »fangen«. Ich reagiere also gar nicht auf die Bewegung des Geldscheins. Auf diese Weise kann ich das Loslassen und das Greifen zeitlich so eng miteinander verknüpfen, wie ich will. Ich kann den Schein sogar greifen, bevor ich ihn fallen lasse.

Dagegen müssen Sie den Schein fallen sehen, bevor Sie handeln können. Die Information muß zunächst einmal von den Augen über das Gehirn zur Hand gelangen – erst dann greifen Ihre Finger. Das alles braucht Zeit – mehr Zeit, als der Schein benötigt, um eine Strecke zurückzulegen, die seiner eigenen Länge entspricht.

Glauben Sie, Sie reagieren schneller, wenn ich anstelle des Zehnmarkscheins einen Hundertmarkschein nehme?

# Kosmische Strahlen

1912 verbrachte der österreichische Physiker Viktor Hess mehrere Nächte in einem Fesselballon über Wien. Während dieser Flüge maß Hess in verschiedenen Höhen, wie schnell ein kleines Stück Metallfolie, das mit statischer Elektrizität aufgeladen war und in einer luftdicht verschlossenen Dose lag, seine elektrische Ladung verlor.

Die meisten von uns haben schon einmal an einem kalten, trockenen Tag mit den Füßen auf einem Teppich geschurrt, um sich mit statischer Elektrizität aufzuladen. Wenn man dann einen Wasserhahn oder einen anderen geerdeten Gegenstand berührt, entlädt sich die statische Elektrizität in einem Mini-Blitz.

Irgendwann verliert jeder statisch aufgeladene Gegenstand seine Elektrizität, auch wenn er nicht geerdet wird. In der Luft sind immer ein paar elektrisch geladene Atome – oder Ionen – vorhanden, die die statische Ladung wieder neutralisieren. Viele dieser Ionen werden von der natürlichen schwachen Radioaktivität der Erde hervorgebracht. Subatomare Teilchen, die von Elementen wie etwa Uran abgestrahlt werden, erzeugen Ionen, indem sie Elektronen von den Atomen in der Luft abstreifen. Wenn man also Hess' Beispiel folgt und mißt, wie schnell ein Objekt seine statische Elektrizität verliert, dann ermittelt man in Wirklichkeit die allgemeine Dichte solcher Teilchen.

1912 ging man davon aus, daß man um so weniger von diesen Teilchen fände, je höher man flöge, da die Luft zwischen der radioaktiven Erde und der Messungshöhe einen Teil der Strahlung absorbieren würde. Bei seinen Ballonfahrten stellte Hess indessen fest, daß die Strahlung tatsächlich mit der Höhe abnahm – allerdings nur bis zu einer Höhe von anderthalb Kilometern. Oberhalb dieser Grenze nahm die Strahlung wieder zu – Strahlung, die von oben kam.

Damit hatte Viktor Hess 1912 entdeckt, was wir heute »kosmische Strahlung« nennen – schnelle subatomare Teilchen aus dem All. Mittlerweile nehmen Physiker und Astronomen an, daß diese kosmischen Strahlen von explodierenden Sternen oder den hellen Zentren von Galaxien emittiert werden. Doch niemand weiß es ganz genau.

# Schokoladenfilm

Schokoladenfilm ist der graue Belag, der manchmal auf Schokoladenprodukten zu sehen ist.

Die meisten Schokoladenprodukte bestehen zur Hälfte aus Kakaobutter, von der es sechs verschiedene Sorten gibt. Alle setzen sie sich aus den gleichen Fettmolekülen zusammen, doch ihre Schmelztemperatur liegt zwischen 17° und 36°C. Der Unterschied besteht also nicht in der chemischen Zusammensetzung, sondern in der Anordnung der Fettmoleküle zu fester Kakaobutter. Gewöhnlich wird dieses Ordnungsgefüge beim Schmelzen durch die Wärme aufgelöst. Einige Muster lassen sich leichter auflösen als andere, so daß verschiedene Sorten Kakaobutter unterschiedliche Schmelztemperaturen besitzen.

Von diesen sechs Sorten hat nur die fünfte – diejenige, die bei 33°C schmilzt – die schöne glänzende Oberfläche, die jeder Schokoladenliebhaber schätzt. Die Kunst der Schokoladenherstellung besteht darin, die Kakaobutter in genau dieser Form erstarren zu lassen und nicht in einer der fünf anderen.

Wird die Schokolade nicht richtig zubereitet oder ist sie häufigen Temperaturschwankungen ausgesetzt – wird sie oft aus dem Kühlschrank geholt und wieder hineingelegt – springen einige Fettmoleküle der Kakaobutter aus der normalen Anordnung und treten an der Oberfläche zu einem anderen Muster zusammen – gewöhnlich einem Gefüge, das erst bei 36°C schmilzt und nicht schon bei 33°C. Die 36-Grad-Sorte hat keine glänzende Oberfläche.

Der graue Film, der sich manchmal auf Schokoladenprodukten bildet, besteht also aus Fettmolekülen der Kakaobutter, die sich von der Schokolade trennen und zu einem neuen Muster mit stumpfer Oberfläche zusammenfügen.

# Diebstahl in der Camera obscura

»Camera obscura« heißt wörtlich »dunkle Kammer«. Seit mindestens zweitausendfünfhundert Jahren wissen die Menschen, daß ein einzelnes kleines Loch in der Wand eines geschlossenen dunklen Raums ein Bild der Außenwelt an die gegenüberliegende Wand wirft. Eine Linse in dem Loch kann das Bild heller machen, ist aber nicht unbedingt notwendig.

Da Licht sich geradlinig bewegt, wird jeder Punkt des projizierten Bilds durch einen Lichtstrahl gebildet, der von einem Punkt der Landschaft draußen durch das Loch fällt.

Das Bild an der Wand steht auf dem Kopf. Licht von den oberen Bereichen der Landschaft draußen fällt durch das Loch auf die untere Seite des projizierten Bilds. Licht aus den unteren Bereichen der Landschaft bildet das obere Ende des Bilds. Der chinesische Philosoph Shen Kua aus dem neunten Jahrhundert erklärte diesen Vorgang mit einem schönen Vergleich: Lichtstrahlen, die durch ein Loch fallen, sind wie ein Ruder in einer Dolle. Drückt man den Griff hinunter, dann zeigt das Ruderblatt nach oben und umgekehrt. Durch eine geeignete Anordnung von Linsen oder Spiegeln läßt sich das Bild wieder richtig herumdrehen.

Ein französischer Schriftsteller des 17. Jahrhunderts berichtet von einer Camera obscura in der Nähe eines Parks, in dem sich, wie man wußte, junge Paare von zweifelhafter Moral herumtrieben. Vornehme Besucher bezahlten, um in die Camera obscura eintreten und die Bilder betrachten zu können, die von den verschiedenen skandalösen Vorgängen unter Bäumen und Büschen an der Wand erschienen. Diese zahlenden Besucher waren nicht nur überrascht von dem, was sie sahen, sondern auch, wie sie es sahen – wußten die meisten von ihnen doch nicht, daß ein Loch ein solches Bild an eine Wand werfen kann, weil Licht sich geradlinig fortbewegt.

Will man dieser Beschreibung aus dem 17. Jahrhundert Glauben schenken, dann gab es auch noch einige andere Dinge, die die Besucher nicht wußten: Erstens, daß die meisten der amourösen Abenteuer, die sie beobachteten, von den Betreibern der Camera obscura inszeniert wurden, und zweitens, daß ihnen, während sie in dem dunklen Raum standen und gebannt auf die anregenden Bilder starrten, ihre Brieftaschen gestohlen wurden!

## FCKWs und $CO_2$

Häufig ist in den Nachrichten von zwei atmosphärischen Gasen die Rede, die oft in einen Topf geworfen werden, die jedoch mit sehr unterschiedlichen Problemen zu tun haben.

FCKWs sind Fluorchlorkohlenwasserstoffe, eine Familie künstlicher chemischer Stoffe, die früher als Treibgas in Sprühdosen benutzt wurden und heute noch in Klimaanlagen, Kühlschränken und Schaumstoff Anwendung finden. Unter Sicherheitsgesichtspunkten scheinen FCKWs auf den ersten Blick ideal zu sein: Sie sind ungiftig, nicht brennbar und säurefrei. Nur mit sehr wenigen Stoffen reagieren sie chemisch.

Doch diese begrüßenswerten Eigenschaften sind auch der Grund für das FCKW-Problem. Fluorchlorkohlenwasserstoffe können jahrzehntelang in der unteren Atmosphäre überleben. Dadurch haben ihre Moleküle Gelegenheit, in die obere Atmosphäre aufzusteigen, wo das ultraviolette Licht der Sonne den Molekülen die Chloratome entzieht. Durch komplizierte Reaktionen, an denen sehr hohe Wolken beteiligt sind, zerlegen diese Chloratome die Moleküle des in der oberen Atmosphäre natürlich vorkommenden Ozons.

Ein Ozonmolekül besteht aus drei Sauerstoffatomen. Dagegen setzt sich das Molekül des Sauerstoffs, den wir einatmen, aus zwei Sauerstoffatomen zusammen. Das Drei-Sauerstoff-Molekül fängt das ultraviolette Licht der Sonne ab, das in größeren Mengen alles irdische Leben vernichten würde.

1987 haben Vertreter aus einunddreißig Ländern, einschließlich der Vereinigten Staaten, das sogenannte »Montrealer Protokoll über Stoffe, die die Ozonschicht abtragen«, unterzeichnet. Unter anderem enthält es Richtlinien zur Verringerung des FCKW-Verbrauchs in den neunziger Jahren. Doch die Berechnungen einiger Wissenschaftler lassen darauf schließen, daß die Atmosphäre etwa ein Jahrhundert brauchen würde, um sich von den bereits entstandenen Schäden zu erholen, selbst wenn die Menschheit vollständig auf die weitere Anwendung von Fluorchlorkohlenwasserstoffen verzichten würde.

Hinter der Bezeichnung $CO_2$ dagegen verbirgt sich Kohlendioxyd. $CO_2$ wird von Tieren und Menschen ausgeatmet und entsteht ferner bei der Verbrennung von fossilen Brennstoffen, wie etwa Erdöl, Kohle und Holz. Die Besorgnisse wegen des Kohlendioxyds gehen auf die Beobachtung zurück, daß im 20. Jahrhundert der Kohlendioxydanteil in der Atmosphäre stark angestiegen ist, was wohl vor allem auf menschliches Einwirken zurückzuführen ist. Kohlendioxyd fängt das infrarote Licht ein, das die warme Erdoberfläche abstrahlt, so daß es nicht ins All entweichen kann – das ist der sogenannte Treibhauseffekt.

Zuviel Kohlendioxyd in der Atmosphäre fängt zuviel Infrarotlicht ein und bewirkt möglicherweise eine schrittweise Erwärmung unseres Klimas. Einige Untersuchungen lassen darauf schließen, daß dieser Erwärmungsprozeß bereits begonnen hat.

FCKWs und $CO_2$ werden zwar oft verwechselt, stehen aber, wie gesehen, für zwei völlig verschiedene atmosphärische Probleme. FCKW, Fluorchlorkohlenwasserstoff, wird mit der Zerstörung der Ozonschicht in Verbindung gebracht, $CO_2$ dagegen für den Treibhauseffekt verantwortlich gemacht.

## Die Formen des Schnees

Schneeflocken sind Eiskristalle, und Eiskristalle können nicht nur die bekannten sternförmigen Figuren annehmen, sondern auch die sechseckiger Platten, Spitzen oder Säulen.

In irgendeiner Weise lassen sich alle Formen der Eiskristalle auf das Sechseck zurückführen, das auch den Zellen von Bienenwaben zugrunde liegt. Sechseckig sind Eiskristalle, weil sich die Wassermoleküle, die sich zu Eis verbinden, so anordnen, daß sie die Eckpunkte eines Sechsecks bilden.

Offenbar entstehen fast alle Schneekristalle auf die gleiche Weise: Eine winzige Wassermenge gefriert auf einem Staubpartikel hoch oben in der Atmosphäre. Wenn dieses mikroskopisch kleine Teilchen durch eine Wolke treibt, nimmt es immer mehr Wassermoleküle aus der feuchten Luft in seiner Umgebung auf. Jedes neue Molekül setzt sich auf das vorhandene sechseckige Muster des Kristalls. Schließlich erwächst aus diesem Prozeß ein Eiskristall, das wir mit bloßem Auge wahrnehmen können und das irgendeine Form sechseckiger Symmetrie aufweist.

Meteorologen haben herausgefunden, daß die endgültige Form des Eiskristalls sehr von der Temperatur abhängt, bei der es sich bildet. Unter minus 23°C nehmen Eiskristalle die Form hohler sechseckiger Säulen an – Gebilde, die eine gewisse Ähnlichkeit mit Bleistiften haben. Bis ungefähr minus 16°C bilden Eiskristalle flache sechseckige Figuren; zwischen minus 16° und minus 12°C setzen sie sich zu verzweigten sternförmigen Figuren zusammen, den sogenannten »Dendriten«. In wärmerer Luft haben Eiskristalle, je nach der genauen Temperatur, die Gestalt von Platten, Spitzen oder massiven sechseckigen Säulen.

Wenn ein Eiskristall in seiner Entstehungsphase durch verschiedene Temperaturzonen in einer Wolke treibt, kann es als Mischform enden. Eine der schönsten Mischformen ist eine sechseckige Säule mit einer flachen Platte an jedem Ende. Diese wurden »Tsusumi-Kristalle« genannt, weil sie an das japanische Instrument erinnern.

## Bergab rutschen

Lassen Sie ein Spielzeugauto eine lange, steile Holzrampe hinunterfahren. Wenn sich alle vier Räder frei bewegen können, wird das Auto unten eine beträchtliche Geschwindigkeit entwickeln.

Sorgen Sie das nächste Mal dafür, daß alle vier Räder blockieren. Vielleicht kleben Sie sie mit Klebeband an den Kotflügeln fest. Das Auto rutscht jetzt außer Kontrolle die Rampe herunter.

Was geschieht, wenn Sie nur die hinteren Räder fixieren? Vielleicht vermuten Sie, das Auto werde mit der Vorderseite zuerst die Rampe hinunterfahren, weil ja die Hinterräder rutschen, während die Vorderräder rollen, und folglich die Reibung der rutschenden Räder das Heck des Autos zurückhält – richtig?

Nun, versuchen Sie es – kleben Sie nur die hinteren Räder fest, während die vorderen sich frei drehen können, setzen Sie das Auto auf die Rampe, und lassen Sie es hinunterrollen. Wahrscheinlich können Sie einen überraschenden Vorgang beobachten: das Auto dreht sich und rutscht rückwärts hinunter – das heißt, die fixierten Räder sind vorn, und die frei beweglichen Vorderräder rollen hinterdrein!

Rollende Räder haben einen besseren Kontakt zur Fahrbahn als rutschende Räder, weil der unterste Punkt eines sich drehenden Rades immer fest auf der Fahrbahn liegt. Nun ist es schwieriger, einen ruhenden Gegenstand auf einer Oberfläche ins Gleiten oder Rutschen zu bringen, als einen bereits rutschenden Gegenstand in Bewegung zu halten: Ruhereibung ist größer als Gleitreibung.

Während sich also das Auto die Rampe hinunterbewegt, sorgt die Ruhereibung unter den Vorderrädern für einen engen Kontakt zur Rampe. Dadurch wird die Vorderseite des Autos zum Drehpol. Währenddessen gestattet die sehr viel geringere Gleitreibung der fixierten Hinterräder der Heckseite des Autos, sich nach vorne zu drehen. Das zeigt, welche Sicherheitsvorteile das Anti-Blockier-System in einem wirklichen Auto bietet. Solange die Räder rollen, statt zu rutschen, nutzen sie die statische Reibung, um das Auto zu bremsen. Außerdem können Sie besser lenken, wenn Sie rollen und nicht rutschen.

# Infrarot

Um das Jahr 1800 beschloß der deutschstämmige englische Astronom William Herschel, die Sonne zu untersuchen. Er vermutete, daß er mehr über die anderen Sterne des Sonnensystems herausfände, wenn er die Sonne untersuchte, da diese der Erde am nächsten liegt.

Einige von Herschels Schlußfolgerungen erwiesen sich bald als falsch – wie zum Beispiel die, daß die Sonnenflecken Berge seien. Doch Herschel lag richtig, als er aus seinen Experimenten den Schluß zog, das Sonnenlicht enthalte mehr, als das Auge wahrnehme. Er ließ Sonnenlicht durch »verschiedene Zusammenstellungen von farbigen Verdunklungsgläsern« fallen. Herschel: »Bemerkenswert schien, daß ich bei der Verwendung einiger [dieser Verdunklungsgläser] Wärme spürte, obwohl kaum Licht hindurchdrang; hingegen spendeten andere viel Licht, aber kaum Wärme.« Also enthält das Sonnenlicht, so überlegte Herschel, neben den sichtbaren Lichtstrahlen offenbar auch unsichtbare Wärmestrahlen.

Nun ließ Herschel Sonnenlicht durch ein Prisma fallen, um es in das Farbspektrum des Regenbogens zu zerlegen, und legte ein Thermometer in die verschiedenen Abschnitte des Spektrums, um zu sehen, wieviel Wärme es maß. Am wärmsten waren die Strahlen jenseits des roten Endes des Spektrums, bei denen kaum noch Licht wahrzunehmen war. Kurze Zeit später bewies Herschel, daß sich diese Strahlen jenseits des roten Endes des Spektrums ebenso wie gewöhnliches sichtbares Licht mit Hilfe von Prismen, Spiegeln und Linsen beugen und bündeln lassen.

Im Jahr 1800 hat William Herschel eine Form des Lichts entdeckt, die für das Auge nicht sichtbar ist – Infrarotlicht nennen wir sie heute. Heiße Objekte, etwa die Sonnenoberfläche oder weißglühende Lampen strahlen große Mengen von Infrarotlicht aus.

## Dunkles Fleisch und helles Fleisch

Hühner und Truthähne haben dunkle, manchmal fettige Beinmuskeln und helle, trockene Brustmuskeln. Andererseits haben fliegende Jagdvögel, etwa Enten und Gänse, dunkle Brustmuskeln. Diese Unterschiede hängen mit der Energieversorgung der Muskeln zusammen.

Die Farbe des dunklen Fleisches hängt weniger mit dem Blut zusammen, als vielmehr mit einem besonderen Eiweiß, das den Sauerstoff in der Skelettmuskulatur speichert. Dieser Eiweißkörper heißt Myoglobin. Wenn ein Myoglobinmolekül mit Sauerstoff angereichert wird, färbt es sich tiefrot. Verliert es Sauerstoff, dann wird es hellrosa. Beim Kochen verfärbt sich Myoglobin braun.

Muskelfasern, die reich an Myoglobin sind, fallen in die große Kategorie der roten Muskelfasern, die in der Medizin als »dauerleistungsfähige Tonusfasern« bezeichnet werden. Sie eignen sich für langsame und ausdauernde Tätigkeiten, etwa das Herumlaufen auf einem Bauernhof. Muskeln, die Sauerstoff im Myoglobin und Brennstoff als Fett speichern, können gleichbleibend arbeiten, selbst wenn sich die Sauerstoffzufuhr durch das Blut verringert. Aus dunklem Fleisch bestehen also in der Regel Muskeln, die ständig benutzt werden – so die Beinmuskeln von Hühnern und Truthähnen und die Brustmuskeln, die die Flügel von Gänsen und Enten bewegen.

Die andere umfangreiche Kategorie von Muskelfasern umfaßt die weißen Fasern, die »Zuckungsfasern«, die sich für kurze Anstrengungen mit großem Kraftaufwand eignen. Zuckungsfasern speichern weniger Sauerstoff als Tonusfasern, weil sie weniger Myoglobin enthalten. Deshalb sind sie meist heller gefärbt. Sie verbrennen kein Fett, sondern Kohlenhydrate – hauptsächlich Glukose, die sie über den Blutkreislauf erhalten. Auch den Sauerstoff, mit dem sie die Glukose verbrennen, müssen Sie über das Blut bekommen. Große Kraftanstrengungen dürfen nicht lange andauern, weil die Muskelfasern nur noch kurze Zeit arbeiten können, nachdem sie den verfügbaren Sauerstoff aufgebraucht haben.

## Sperma trifft Ei: Was passiert wirklich?

In den siebziger Jahren des letzten Jahrhunderts wußten die Biologen, daß tierische Eizellen sich nur dann entwickelten, wenn sie »befruchtet« waren – was immer das heißen mochte. Dank guter Mikroskope und neuer Techniken, die in dieser Zeit entwikkelt wurden, kam man dann dem wirklichen Geschehen auf die Spur.

1874 untersuchte der deutsche Zoologe Oskar Hertwig die Befruchtung eines Seeigeleis. Seeigel sind Verwandte des Seesterns und des Sanddollars, die in Küstennähe zahlreich vorkommen und sich bei Biologen heute noch großer Beliebtheit erfreuen. Die Befruchtung von Seeigeleiern läßt sich leicht beobachten, weil sie sich im offenen Wasser vollzieht.

Hertwig beobachtete, daß das Seeigelei vor der Befruchtung einen einzelnen Kern besaß, einen innerhalb der Zelle deutlich erkennbaren Körper, der sich mit der Zelle teilte. Doch unmittelbar nach der Befruchtung waren zwei Kerne – statt einem – zu erkennen, die kurz darauf miteinander verschmolzen. 1875 schloß Hertwig aus diesem Umstand, der zusätzliche Kern gelange durch die Spermazelle in die Eizelle. Etwa zur gleichen Zeit beobachtete der französische Biologe Hermann Fol tatsächlich, wie die Spermazelle eines Seeigels in eine Eizelle drang.

Um 1900 ergaben die Forschungsergebnisse von Hertwig, Fol und anderen zusammen das uns mittlerweile vertraute Bild: eine einzelne Spermazelle dringt in die Eizelle ein; die Zellkerne von Sperma und Ei verschmelzen miteinander; dann beginnt die Entwicklung.

Die Beobachtungen legten die Vermutung nahe, ohne indessen den Beweis zu erbringen, daß das Sperma einen wesentlichen Beitrag zum neuen Individuum leistet. Erst im 20. Jahrhundert erfolgte der Nachweis, daß eine Aufgabe der Spermazelle darin besteht, genetische Informationen in den Kern der Eizelle zu transportieren. Außerdem hat die Spermazelle noch den Auftrag, die Entwicklung der Eizelle zum Embryo auszulösen.

## Ist das menschliche Gehirn tatsächlich eingleisig?

Dies ist ein psychologischer Versuch, in dem ich Sie bitten werde, als freiwillige Versuchsperson drei Aufgaben zu lösen.

Zuerst zeige ich Ihnen in deutlichen schwarzen Buchstaben auf weißem Papier eine Liste mit verschiedenen Farbbezeichnungen – »rot«, »blau«, »grün«, »orange« und so fort. Ich bitte Sie, die Liste laut vorzulesen, und zwar so schnell wie möglich. Das bereitet Ihnen keine Schwierigkeiten.

In der zweiten Aufgabe lege ich Ihnen eine weitere Liste mit Farbnamen vor, diesmal allerdings nicht in schwarzer Schrift, sondern in verschiedenen Farben. Für jeden Farbnamen habe ich einen anderen Filzstift benutzt. Wieder bitte ich Sie, die Liste möglichst schnell vorzulesen, und wieder haben Sie keine Probleme damit.

Für Ihre dritte und letzte Aufgabe benutze ich abermals die farbige Liste. Ich bitte Sie nun, nicht die Farbbezeichnungen der Liste vorzulesen, sondern mir so schnell wie möglich zu sagen, in welcher Farbe ich diese Bezeichnungen geschrieben habe. Jetzt geraten Sie doch in Schwierigkeiten! Sie sehen, daß ich für den jeweiligen Farbnamen einen Stift in einer anderen Farbe gewählt habe. Ich habe das Wort »rot« mit blauer Farbe geschrieben, das Wort »gelb« in grüner Farbe und so fort.

Wenn Sie das grün geschriebene Wort »gelb« sehen, wird es Ihnen schwerfallen, nicht mit »gelb« herauszuplatzen, statt, wie ich Sie gebeten hatte, die Farbe zu nennen, in der es geschrieben ist. Sie müssen sich dem Impuls, zu lesen, was dort steht, verweigern.

Das zeigt, daß unser Wahrnehmungssystem einen Teil besitzt, der liest, und einen anderen, der die Farbe beurteilt. Unser Test, bei dem der Name einer bestimmten Farbe in einer anderen Farbe geschrieben ist, zwingt diese beiden Teile des Wahrnehmungssystems dazu, gleichzeitig Farbbezeichnungen hervorzubringen. Im Alltag geschieht das nur selten.

# Die Jahreszeit der statischen Elektrizität

Wie Sie sicherlich wissen, können Sie sich statisch aufladen, indem Sie an einem trockenen Wintertag mit den Füßen auf einem Teppich schurren. Dabei geben die Atome in den Schuhen einige Elektronen an die Atome im Teppich ab. Es wird Sie vielleicht überraschen, wenn Sie hören, daß die Einzelheiten dieses Vorgangs noch nicht genau bekannt sind. Doch das Ergebnis ist klar: Sie haben am Ende einen kleinen Elektronenmangel gegenüber anderen Gegenständen, während der Teppich einen kleinen Elektronenüberschuß hat. Mit anderen Worten: Der Teppich und Sie selbst erhalten gleiche, aber entgegengesetzte Ladungen.

Wenn Sie jetzt den Finger nahe an einen Wasserhahn oder eine andere Person heranbringen, überspringen die Elektronen die Entfernung zum Finger und erzeugen einen kleinen Blitz, während sie den Mangel ausgleichen.

Meist geschieht das an kalten, trockenen Wintertagen, weil dann die relative Luftfeuchtigkeit in geschlossenen Räumen gering ist. In trockener Luft können Gegenstände mit Elektronenüberschuß diesen Zustand leichter bewahren und Gegenstände mit Elektronenmangel haben Schwierigkeiten, Elektronen aus der Luft aufzunehmen. Mit anderen Worten: Trockene Luft ist ein guter Isolator. Feuchte Luft hingegen ist in geringem Maße fähig, Elektrizität zu leiten. Aus diesem Grunde können sich statische Ladungen in feuchter Luft verflüchtigen.

Nächste Frage: Warum ist im Winter die Luft in geschlossenen Räumen häufig trocken? Denken Sie daran, daß die kalte Außenluft weniger Wasserdampf aufnehmen kann als eine gleiche Menge wärmerer Luft. Lassen Sie kalte Luft ins Zimmer, erwärmen Sie sie, und die relative Luftfeuchtigkeit verringert sich – nicht dadurch, daß ihr Wasserdampf entzogen wird, sondern dadurch, daß sich ihre Aufnahmefähigkeit für Wasserdampf erhöht.

Deshalb werden Sie die Effekte statischer Elektrizität am ehesten an kalten Tagen in geschlossenen Räumen erleben können, weil die Innenluft an solchen Tagen meist eine geringe relative Luftfeuchtigkeit aufweist und weil trockene Luft ein guter Isolator ist.

## Was stellt die Seife mit dem Wasser an?

Wassermoleküle ziehen sich gegenseitig an. Die Moleküle an der Oberfläche eines Wasserkörpers bilden einen Film, der unter Spannung steht. Dieser Film ist stark genug, um eine Nadel oder ein kleines Insekt, etwa einen Wasserschneider, zu tragen. Außerdem krümmt die Oberflächenspannung das Wasser zu runden Tropfen. Seife zerreißt diese Oberflächenspannung, und das geschieht folgendermaßen:

Sie brauchen einen sauberen Teller, ein wenig Talkpulver und ein Stück Seife. Spülen Sie den Teller gründlich ab, bis er keine Fett- oder Seifenrückstände mehr aufweist. Lassen Sie den Teller voll Wasser laufen, und streuen Sie eine Prise Talkpulver darüber.

Nehmen Sie jetzt das Seifenstück, und berühren Sie damit die Wasseroberfläche am Rand des Tellers. Plötzlich wird das Talkpulver auf die andere Seite des Tellers gezogen.

Weder löst sich das Talkpulver im Wasser auf, noch sinkt es, vielmehr bleibt es auf der Wasseroberfläche liegen und wird von der Oberflächenspannung getragen. Die Seife sorgt dafür, daß der Film dieser Oberflächenspannung zerreißt. Dort, wo die Seife das Wasser berührt, ziehen die Wassermoleküle jetzt Seifenmoleküle an und nicht mehr andere Wassermoleküle. Anders auf der gegenüberliegenden Seite des Tellers: Dort ziehen sich die Wassermoleküle noch an. Wenn man die Seife ins Wasser hält, ist es, als zerschnitte man ein straffes Gummiband. Die Oberflächenspannung auf der anderen Seite des Tellers zieht das Talkpulver heftig von der Seife fort.

# Dreh Dich im Kreis, Ludwig Erhardt

Legen Sie ein Zweimarkstück auf den Tisch, Ludwig Erhardts Kopf nach oben. Drücken Sie das Geldstück mit den Fingern nieder. Legen Sie jetzt ein zweites Geldstück flach auf den Tisch, auch das mit dem Kopf des Altbundeskanzlers nach oben, so daß der Rand der zweiten Münze den Rand der ersten Münze in der Zwölf-Uhr-Position berührt. Wenn Sie jetzt die zweite Münze zur Hälfte um den Rand der ersten herumrollen, aus der Zwölf-Uhr-Position in die Sechs-Uhr-Position, zeigt Erhardts Kopf dann nach oben oder nach unten?

Bei der Drehung aus der Zwölf-Uhr- in die Sechs-Uhr-Position berührt exakt die Hälfte des Umfangs der gedrehten Münze den Rand der Münze, die Sie festhalten. Also müßte die zweite Münze eigentlich eine halbe Drehung beschreiben. Folglich müßte Erhardt danach auf dem Kopf stehen. Doch wenn Sie es ausprobieren, wird sein Kopf nach oben zeigen!

Wie kommt das? Wenn Sie ein Zweimarkstück an einer geraden Linie, einem Lineal etwa, über eine Strecke entlangrollen, die dem halben Münzumfang entspricht, dann steht Erhardt auf dem Kopf, denn die Münze dreht sich in dieser Situation nur zur Hälfte. Doch wenn Sie eine Münze zur Hälfte um eine andere Münze herumdrehen, dann fügt die gekrümmte Kante dieser zweiten Münze noch eine zweite Halbdrehung hinzu. Die zwei Hälften addieren sich. Die rollende Münze in unserem Beispiel beschreibt also eine ganze Drehung.

Aus diesem Grund kann Ludwig Erhardt den Kopf zum Schluß wieder oben tragen.

## Trauen Sie Ihren Fingern nicht

Die meisten Täuschungen, die wir kennen und so lustvoll ausprobieren, sind optische Täuschungen. Doch im folgenden Experiment geht es um eine taktile Täuschung, also eine Täuschung des Tastsinns.

Um diese Täuschung zu erleben, brauchen Sie lediglich eine Murmel oder eine Erbse. Kreuzen Sie Ihre Finger, indem Sie den Mittel- über den Zeigefinger legen, so daß die Fingerspitzen in umgekehrter Reihenfolge nebeneinanderliegen. Rollen Sie dann die Murmel mit den gekreuzten Fingern auf einem Tisch umher. Augenblicklich werden Sie den deutlichen Eindruck gewinnen, daß Sie es mit zwei Murmeln zu tun haben und nicht nur mit einer.

Wenn Sie die Finger kreuzen, wird Ihrem Gehirn die Information auf ungewohnten Kanälen zugeleitet. Normalerweise sind die Außenseite Ihres Mittelfingers und die Innenseite Ihres Zeigefingers voneinander abgekehrt. Durch das Kreuzen der Finger liegen diese beiden Seiten nebeneinander. Wenn die Murmel zwischen Ihre gekreuzten Finger gerät, berührt sie Hautstellen, die normalerweise nur von zwei Murmeln berührt werden können. Kreuzen Sie Ihre Finger, und eine Murmel fühlt sich an wie zwei.

Dieser Effekt ist seit langem unter dem Namen »Aristotelische Täuschung« bekannt. Es gibt auch ein paar moderne Spielarten:

Berühren Sie Ihre Nase statt die Murmel. Ihre Fingerspitzen werden Ihnen den Eindruck vermitteln, Sie hätten zwei Nasen.

Versuchen Sie, andere Finger zu kreuzen: Legen Sie Ihren Mittelfinger über Ihren Ringfinger. Plazieren Sie einen Bleistift so auf den gekreuzten Fingerspitzen, daß die Grifffläche die eine Fingerspitze berührt, und die Spitze die andere. Probieren Sie aus, ob Sie nur durch Fühlen erraten können, in welche Richtung der Bleistift zeigt. Leichtes Hin-und Herrollen des Stiftes kann die Fremdheit und Lebendigkeit der Wahrnehmung vertiefen.

# Die Kurven eines mäandrischen Flusses

Ein Mäander wird von einer Kurve der besonderen Art gebildet. Auf der Landkarte erkennt man eine solche Kurve sofort – zum Beispiel am Mississippi zwischen Arkansas und Tennessee. Sie besteht nicht aus aneinandergefügten Teilkreisen. Und sie gehört nicht zu den Kurven, die uns aus Wissenschaft und Technik zur Beschreibung von Wellen bekannt sind. Sie ist etwas ganz Eigenes.

Ihre Entstehung verdankt diese Kurve dem Umstand, daß ein Fluß sozusagen keine scharfen Kehren mag. Eine scharfe Kurve bedeutet Widerstand für die Wasserströmung. Ein Fluß sucht sich den Weg, der diesen Widerstand möglichst gleichmäßig über die Länge des Flußlaufs verteilt. Infolgedessen ist der Weg nicht gezackt wie der Buchstabe W, sondern auf besondere Weise gekrümmt, etwa wie der Buchstabe S.

Die Kurve läßt sich auch in anderen Erscheinungen entdecken – beispielsweise im Saum eines gefältelten Vorhanges. Die Falten am oberen Ende des Vorhanges sind bestrebt, den Saum in eine Art Zickzackfalte zu legen, aber der Stoff sträubt sich und mildert die Biegung zu gleichmäßigen und sanften Kurven ab – eben wie die Kurven eines mäandrischen Flusses. Die Falten in einer zerknitterten Bluse und die Bögen einer gebundenen Schleife sind andere Spielarten des Mäanders.

Allen diesen Beispielen ist eines gemeinsam: Was immer zur Kurve gekrümmt wird, es bietet diesem Biegungsdruck einen gleichmäßigen Widerstand – und daraus erwächst schließlich die charakteristische Form.

## Gekrümmter Raum im Weihnachtsschmuck

Der Weihnachtsschmuck, von dem wir hier sprechen, ist eine von diesen Glaskugeln mit spiegelblanker Oberfläche. Eigentlich benötigen Sie für diesen Versuch nicht unbedingt Weihnachtsschmuck; Sie können dafür jeden kugelförmigen Gegenstand mit spiegelnder Oberfläche nehmen.

Wenn Sie nun in Ihre blanke Kugel schauen, sehen Sie in der Mitte das Spiegelbild Ihres Gesichts. Um Ihren Kopf herum erscheint das gesamte Zimmer – Wände, Fußboden und Decke. Je weiter Sie Ihren Blick von der Mitte der Kugel abwenden, desto stärker verzerrt sich das Bild. Deshalb sieht Ihre Nase auch so riesig aus: Der Rest des Gesichtes ist infolge der Verzerrung kleiner.

Bei genauerem Hinschauen können Sie erkennen, daß die Kugel fast die gesamte Welt von dem Punkt aus widerspiegelt, wo sie sich befindet. Von der Kugel nicht erfaßt wird lediglich der winzige Ausschnitt der Umgebung, der von Ihnen aus gesehen hinter der Kugel liegt.

Nehmen Sie jetzt an, hinter Ihnen breite jemand eine quadratische, rote Tischdecke auf dem Fußboden aus und mäße deren Kanten mit einem Lineal. Die reflektierte Tischdecke ist natürlich kein Quadrat. Das Spiegelbild ist ja verzerrt. Doch das reflektierte Lineal zeigt noch immer, daß alle vier Seiten des Tuches die gleiche Länge haben, denn das Lineal ist ebenfalls verzerrt.

Das verzerrte Spiegelbild in einer blanken Kugel liefert ein Modell des gekrümmten Raums, das Modell von einem der schwerer zugänglichen Konzepte in der Mathematik. Unter Umständen merken die Leute, die in einem gekrümmten Raum leben, gar nichts davon, weil ihre Lineale und ihre anderen Meßinstrumente genauso gekrümmt sind wie alle übrigen Dinge auch.

# Gäste in jeder Zelle

Mitochondrien sind die unentbehrlichen Kraftwerke lebender Zellen, auch der Zellen, aus denen wir bestehen. Sie wandeln die gespeicherte Energie der Kohlenhydrate aus der Nahrung in Energieformen um, die die Zelle nutzen kann. Für diesen Umwandlungsprozeß brauchen sie Sauerstoff. Wir müssen also Sauerstoff einatmen, weil unsere Mitochondrien ihn benötigen.

Auf Fotografien, die mit einem Elektronenmikroskop aufgenommen wurden, sind Mitochondrien häufig als kartoffelförmige Objekte im Zellinneren zu erkennen. Die Zahl der Mitochondrien, die in einer Zelle vorkommen können, bewegt sich zwischen einigen wenigen und ein paar Tausend.

In mancher Beziehung erinnern Mitochondrien an Bakterien. Genau wie diese vermehren sich Mitochondrien durch Teilung in der Wirtszelle. Jedes Mitochondrium besitzt ein eigenes DNS-Molekül, um seine genetische Information zu speichern. Dieses Molekül hat die Form einer Schleife, genau wie die DNS von Bakterien. Man hat noch weitere verblüffende chemische Übereinstimmungen zwischen Mitochondrien und Bakterien entdeckt. Diese Ähnlichkeiten lassen darauf schließen, daß die heutigen Mitochondrien in Wirklichkeit von Bakterien abstammen, die vor langer Zeit frei gelebt haben.

Die vermuteten Vorfahren der Mitochondrien könnten sich vor etwa einer Milliarde Jahren entwickelt haben, als sie den Trick erlernten, Energie aus Sauerstoff zu gewinnen. Damals war der Sauerstoff in der Luft etwas Neues; andere Arten von Bakterien hatten gerade begonnen, Sauerstoff als Abfallprodukt der Photosynthese herzustellen. Irgendwann nistete sich dann ein Bakterium der sauerstoffverwertenden Art in einer größeren Zelle ein und verlieh damit seiner Wirtszelle die Fähigkeit, in einer sauerstoffreichen Atmosphäre zu gedeihen. So wurde diese Wirtszelle zum Vorfahren der heutigen Pflanzen und Tiere, einschließlich der Menschen.

Deshalb haben wir heute Gäste in jeder Zelle: Mitochondrien, entfernte Nachkommen von Bakterien, die vor einer Milliarde Jahren frei lebende Organismen waren.

# Heiligenschein

Versuchen Sie das nächste Mal, wenn Sie fliegen, einen Fensterplatz auf der Schattenseite des Flugzeugs, aber nicht über der Tragfläche, zu ergattern. Sie brauchen einen ungehinderten Blick auf den Schatten, den das Flugzeug auf die unter Ihnen liegenden Wolken wirft. Halten Sie Ausschau nach einem Bullaugenmuster von hellen Ringen, die in allen Farben des Regenbogens erstrahlen und den Schatten auf den Wolken umgeben – die sogenannte Glorie oder der Heiligenschein.

Der Heiligenschein ist nicht das gleiche wie ein Regenbogen. Der besteht aus Sonnenlicht, das von Wassertropfen in einem Winkel von zweiundvierzig Grad gegenüber der Einfallsrichtung zurückgeworfen wird. Der Heiligenschein dagegen wird von Licht gebildet, das aus dem Tropfen in einer Richtung herauskommt, die der des einfallenden Sonnenlichts fast entgegengesetzt ist. Die physikalische Erklärung dieser Erscheinung hat sich als äußerst kompliziert erwiesen, doch verkürzt lautet sie wie folgt:

Licht, das in den kugelförmigen Wassertropfen einer Wolke eintritt, hat gewissermaßen mehrere Möglichkeiten. Die eine wäre, an der einen Seite des Wassertropfens in einem Glanz- oder Beugungswinkel einzutreten, sich einmal an der Innenfläche der Tropfenhinterseite zu spiegeln und schließlich den Tropfen auf der anderen Seite wieder zu verlassen – also praktisch eine Haarnadelkurve zu beschreiben. Eine andere Möglichkeit bestünde für den Lichtstrahl darin, in dem Tropfen nicht nur einmal, sondern vierzehnmal reflektiert zu werden und ihn dabei dreieinhalbmal zu durchqueren (wie ein Auto auf der Suche nach einem Parkplatz), um ihn schließlich wieder zu verlassen.

Dabei stellt sich heraus, daß das Licht, egal, ob es einmal oder vierzehnmal abprallt, den Tropfen fast in der gleichen Richtung verläßt. So kehrt ein Lichtstrahl von doppelter Stärke geradewegs dorthin zurück, woher das Sonnenlicht kommt, und damit auch in Richtung Ihres Flugzeugs. Doch im Laufe dieses komplizierten Prozesses wird das weiße Licht in Farben zerlegt, und die verschiedenen Farben streuen in leicht voneinander abweichende Richtungen. Deshalb ist der Heiligenschein farbig.

Wenn Sie also einen Fensterplatz auf der Schattenseite des Flugzeuges haben und Sie nicht zu hoch über den Wolken fliegen, halten Sie Ausschau nach dem Heiligenschein: ein sonderbares Bullaugenmuster mit farbigen Ringen, das den Schatten des Flugzeuges umgibt.

## Der Wasserfalleffekt

Setzen Sie sich an einen Fluß, und betrachten Sie einen Wasserfall. Schauen Sie, nachdem Sie ein paar Minuten das stürzende Wasser betrachtet haben, in eine andere Richtung. Für wenige Sekunden werden Sie den Eindruck haben, daß alles aufsteigt!

Bei der Untersuchung dieses sogenannten »Wasserfalleffektes« haben Psychologen entdeckt, daß es in unserem Sehsystem unterschiedliche Detektoren für Aufwärts- und Abwärtsbewegungen gibt. Selbst wenn wir etwas betrachten, was sich nicht bewegt, sind sowohl »Aufwärts-« wie »Abwärtsdetektoren« aktiv. Allerdings operieren sie mit gleicher Stärke, so daß sich ihre Signale ausgleichen und den Eindruck vermitteln, es fände keine Bewegung statt.

Offenbar ermüden die Detektoren für Abwärtsbewegung beim Blick auf einen Wasserfall, so daß sie in ihrer Aktivität nachlassen. Gleichzeitig aber übermitteln die Detektoren für Aufwärtsbewegungen weiterhin die Signale, die sie für ruhende Objekte bereithalten. Wenn wir jetzt vom Wasserfall fortschauen, erhalten wir diese Aufwärtssignale, jedoch ohne hinreichende Abwärtssignale, die für einen Ausgleich sorgen könnten. Folglich überwiegt das Aufwärtssignal und vermittelt uns den Eindruck, daß die ruhende Landschaft aufsteigt. Der gleiche Effekt kann sich bemerkbar machen, wenn Sie in einem Auto oder einem Bus mitfahren. Betrachten Sie, wie die Landschaft am Fenster vorbeizieht. Fixieren Sie einen Gegenstand auf dem Erdboden in mittlerer Entfernung. Ihre Bewegung ruft den Eindruck hervor, daß sich die Landschaft um den Fixpunkt dreht. Dinge in Ihrer Nähe scheinen zurückzuweichen; Dinge, die weiter entfernt sind, scheinen nach vorne zu rücken. Wenn Sie Ihren Blick von Gegenstand zu Gegenstand wandern lassen, dreht sich die Landschaft offenbar um jeden neu gewählten Gegenstand. Das alles stimuliert Ihre Detektoren für diese Drehrichtung, um sie bald darauf zu ermüden.

Doch was geschieht, wenn Ihr Fahrzeug anhält? Ein paar Augenblicke lang können die ermüdeten Detektoren die Signale nicht ausgleichen, die von den Detektoren für die andere Drehrichtung kommen. Wenn Sie anhalten, scheint sich die Landschaft noch einen Moment in die falsche Richtung zu drehen!

# Weißer Himmel, grauer Schnee

Wenn Sie an einem Tag nach draußen gehen, an dem der Himmel vollständig bedeckt ist und Schnee am Boden liegt, dann haben Sie den Eindruck, als sei der Himmel grau und der schneebedeckte Boden ganz weiß – heller als der Himmel. Doch dieser Eindruck ist falsch. Falls Sie es nicht glauben, stecken Sie einen Taschenspiegel so in den Schnee, daß er den wolkigen Himmel widerspiegelt. Treten Sie nun etwas zurück, schauen Sie in den Spiegel, und vergleichen Sie seine Farbe mit dem Schnee. Das Spiegelbild des bedeckten Himmels wird heller aussehen als der Schnee.

Logischerweise kann der Schnee nicht mehr Licht reflektieren, als ihn vom Himmel erreicht. Unter Umständen ist der Schnee fast so hell wie der Himmel, auf keinen Fall aber kann er heller sein. Die scheinbare Helligkeit des Schnees ist ein psychologischer Effekt, der vielleicht durch den Kontrast zwischen dem Schnee und dunkleren Gegenständen, etwa Bäumen, hervorgerufen wird. (Wir nehmen an, daß der Himmel bedeckt ist, vollständig und ohne unterschiedliche Schattierungen.)

Vielleicht haben Sie den vorliegenden Effekt schon einmal bemerkt, wenn Sie an einem verhangenen Tag ein Foto von einem weißen Haus gemacht haben. Sie wissen, daß das Haus weiß ist, doch auf dem Bild sieht es enttäuschend grau aus. Die Kamera registriert den Himmel als hell und das Haus als dunkler, so wie es sich in Wirklichkeit verhält.

Eine Fotografie, die an einem bewölkten Tag aufgenommen wird, entspricht nicht dem Eindruck, den uns das Auge vermittelt. Denn eine Kamera hat im Gegensatz zu unserem Sehsystem keinen komplexen Mechanismus zur Interpretation von Bildern.

# Warum Hühner keine Schwimmfüße haben

In einem bestimmten Embryonalstadium zeigen sich bei Hühnern zumindest Ansätze von Schwimmfüßen. Wie Embryologen beobachtet haben, wachsen den Hühnern Zellen zwischen den Zehen, sobald diese sich zu entwickeln beginnen. Gleiches geschieht mit den Zehen von Entenembryos.

Allerdings liegt ein Unterschied zwischen Huhn und Ente darin, daß bei der Ente die meisten Zellen zwischen den Zehen überleben und am Ende Schwimmhäute bilden. Beim Hühnerembryo sterben diese Zellen in einem späteren Entwicklungsstadium ab, so daß die Zehen getrennt sind. Mit anderen Worten, der Hühnerfuß formt sich nicht nur durch die genetisch programmierte Bildung neuer Zellen, sondern auch durch den genetisch programmierten Tod vorhandener Zellen.

Das scheint kein besonders ökonomisches Verfahren zur Herstellung eines Hühnerfußes zu sein. Wie kommt es, daß ein Hühnerembryo erst Zellen zwischen den Zehen ausbildet und sie dann kurze Zeit später wieder absterben läßt? Dieser überflüssige Entwicklungsschritt scheint darauf schließen zu lassen, daß Hühner und Enten von einem gemeinsamen Vorfahren den gleichen Entwicklungsplan geerbt haben, einen Zeitplan, nach dem die richtigen Zellen sich zur richtigen Zeit am richtigen Platz bilden. Der Hühnerfuß stellt gegenüber dem ursprünglichen Plan eine Abänderung dar. Das Ergebnis aller dieser Vorgänge ist, daß Enten Füße haben, die sich zum Schwimmen eignen, und Hühner Füße, die zum Gehen taugen.

Der genetisch festgelegte Tod bestimmter Zellen läßt sich auch in anderen Fällen beobachten. Bei neugeborenen Säugetieren haben viele Muskelfasern mehr als eine Verbindung zum Nervensystem. Doch in den ersten Lebenswochen sterben die meisten der ursprünglichen Verbindungen zwischen Nerven und Muskeln ab, so daß am Ende immer nur eine Nervenfaser Kontakt mit einer Muskelfaser hat.

Möglicherweise ist der Tod bestimmter Zellen auch für den Prozeß verantwortlich, der während der Skelettentwicklung die beiden parallelen Knochen in unserem Unterarm, Elle und Speiche, voneinander trennt.

## Können Sie ein Zweimarkstück aus der Erinnerung zeichnen?

Ein deutsches Zweimarkstück hat mehrere markante Kennzeichen: einen Kopf, die Aufschriften »Einigkeit und Recht und Freiheit«, »Bundesrepublik Deutschland« und »Deutsche Mark«, das Datum 1949 und einen Adler. Können Sie anhand dieser Angaben beide Seiten eines Zweimarkstücks zeichnen, wobei Sie jedes Kennzeichen an den richtigen Platz setzen und auch richtig ausrichten?

Erinnern Sie sich, wessen Kopf zu welcher Zeit abgebildet wurde? In welche Richtung schaut der Porträtierte? Wohin schaut der Kopf des Adlers? Wieviel Federn haben seine Flügel?

Zwei amerikanische Psychologen, Raymond Nickerson und Marilyn Adams, forderten eine Gruppe amerikanischer Erwachsener auf, einen US-amerikanischen Penny aus dem Gedächtnis zu zeichnen. Selbst mit einer Liste aller Kennzeichen, die zur Zeichnung gehörten, hat in einer Gruppe von zwanzig Leuten niemand diese Kennzeichen richtig in seiner Zeichnung untergebracht.

Natürlich brauchen wir im richtigen Leben kein Zweimarkstück aus dem Gedächtnis zeichnen zu können, sondern müssen es nur erkennen. Deshalb machten Nickerson und Adams einen weiteren Versuch. Sie zeigten den Leuten fünfzehn unterschiedliche Zeichnungen eines Pennies, bei denen ein Kennzeichen entweder fehlte oder am falschen Platz abgebildet war. Nur fünfzehn von sechsunddreißig Leuten fanden die richtige Zeichnung heraus, und selbst diese fünfzehn waren sich ihrer Sache nicht ganz sicher.

Warum haben wir ein so schlechtes Gedächtnis für alltägliche Gegenstände? Für Psychologen ist die Frage unter anderem deshalb interessant, weil sie für die Zuverlässigkeit von Aussagen entscheidend ist – ein Aspekt von großer praktischer Bedeutung. Vielleicht merken wir uns nur so viele Einzelheiten, daß wir ein Zweimarkstück von anderen Münzen unterscheiden können.

Ein anderer Faktor, der unsere Rekonstruktion des Zweimarkstücks möglicherweise beeinträchtigt, könnte die störende Erinnerung an andere Münzen sein. Ist Ihnen jemals aufgefallen, daß der Adler auf einem Einmarkstück anders ist als der auf einem Zweimarkstück? Wenn Sie also den falschen Adler auf Ihr Zweimarkstück malen, erinnern Sie sich vielleicht an das Einmarkstück.

# Wolken im Marmeladenglas

1894 stand der englische Physiker Charles Thomson Rees Wilson auf einem Berggipfel in Schottland und betrachtete das Spiel des Sonnenlichts auf den Wolken unter ihm. Dabei erblickte Wilson den Heiligenschein, das bullaugenförmige Lichtmuster von farbigen Ringen, das den Schatten der Wolken umgab, und prägte es sich ein.

In seinem Labor versuchte Wilson später, künstliche Wolken in einem Glas zu erzeugen, um den Heiligenschein genauer studieren zu können. Die Grundidee war, feuchte Luft in einem Glas einzuschließen und sie dann durch einen plötzlichen Ausdehnungsprozeß abzukühlen. Dazu benutzte er ein hydraulisches Gerät. Wilsons Nebelkammer funktionierte: Als sich die Luft plötzlich und im richtigen Maße ausdehnte, entstand im Glas ein dichter Nebel.

Damit ahmte Wilson einen natürlichen Vorgang nach: Feuchte Luft steigt auf, dehnt sich aus und kühlt ab, genau wie die Luft, die aus einer Hochdruckdüse strömt. Kühle Luft kann nicht so viel Wasserdampf aufnehmen wie warme Luft. So kommt es, daß der Wasserdampf zu Wolkentropfen kondensiert.

Wilson wußte, daß sich ein Wolkentropfen am ehesten bildet, wenn der Wasserdampf etwas hat, an dem er kondensieren kann – ein winziges Staubteilchen oder auch ein elektrisch geladenes Luftmolekül. Das brachte ihn auf eine Idee.

1911 deponierte er radioaktives Material in der Nähe seiner Nebelkammer. Was er im Glas sah, war kein Nebel, sondern »kleine Wolkenstreifen und – fäden«. Er begriff, daß diese Streifen und Fäden Spuren waren, die die subatomaren Teilchen des radioaktiven Materials zurückgelassen hatten. Sie bewegten sich im Glas umher und nahmen auf ihrem Weg den Luftmolekülen Elektronen ab, so daß diese Moleküle daraufhin elektrisch geladen waren. Und an diesen geladenen Luftmolekülen bildeten sich die ersten Wolkentropfen.

Zwar hat Wilson seine Nebelkammer für die Meteorologie erfunden, doch wie sich rasch herausstellte, ließ sich mit ihrer Hilfe der Weg von Teilchen nachweisen, die kleiner als Atome waren. Da wurde sie rasch zu einem der wichtigsten Werkzeuge der Kernphysiker.

# Ultraviolett

Läßt man Sonnenlicht durch ein Prisma und anschließend auf einen Sichtschirm fallen, so erhält man das Farbspektrum des Regenbogens. Die Reihenfolge der Farben bleibt immer gleich: Rot, Orange, Gelb, Grün, Blau und Violett. An beiden Enden des Spektrums verblaßt das Licht zur Unsichtbarkeit.

1800 entdeckte der Astronom William Herschel, daß das Spektrum des Sonnenlichts noch jenseits des roten Endes Strahlen enthält – Strahlen, die heute als Infrarotlicht bezeichnet werden. Die Nachricht von dieser Entdeckung erreichte auch den deutschen Philosophen Johann Wilhelm Ritter, der die romantische Auffassung hegte, daß die Welt auf dem Prinzip der Polarität beruhe: positive und negative Elektrizität, magnetischer Nord- und Südpol und so fort. Wenn das Sonnenspektrum jenseits des roten Endes unsichtbare Strahlen aufweise, dann müsse es, so vermutete Ritter aufgrund seiner Polaritätstheorie, auch unsichtbare Strahlen am violetten Ende des Sonnenspektrums geben.

Um diese Strahlen nachzuweisen, tauchte Ritter ein Stück Papier in eine chemische Flüssigkeit, die schwarz wird, wenn man sie dem Licht aussetzt – eine primitive Fotoemulsion. Die stärkste Schwarzfärbung entdeckte er unmittelbar hinter dem violetten Ende des Spektrums, dort wo das Auge kein Licht mehr wahrnimmt. 1801 hatte Ritter damit das gefunden, was wir heute ultraviolettes Licht nennen.

Offenbar stand Johann Wilhelm Ritter unter dem Einfluß seiner persönlichen philosophischen Auffassungen. Doch seine Entdeckung hatte insofern wissenschaftlichen Charakter, als jeder, gleich welcher philosophischen Überzeugung, sie wiederholen und sich davon überzeugen konnte, daß es unsichtbare – ultraviolette – Strahlen im Anschluß an das violette Ende des Spektrums gibt.

## Fortpflanzung und Sexualität: Wo ist der Unterschied?

Einige Lebewesen können sich ohne Sexualität, das heißt, geschlechtslos fortpflanzen. Eine Amöbe zum Beispiel ist ein einzelliger Organismus, der sich einfach nur teilt und so aus einem Individuum zwei macht. Die Biologen Rollin Hotchkiss und Esther Weiss schrieben einmal, wenn sich die Menschen auf diese Weise fortpflanzen würden, dann würde sich jeder von uns im Alter von fünfundzwanzig Jahren plötzlich in zwei identische Personen teilen. Fünfundzwanzig Jahre später würden sich auch diese beiden Personen wieder teilen und so fort.

Wissenschaftlich betrachtet, ist die geschlechtliche Fortpflanzung der Prozeß, in dessen Verlauf sich die Gene zweier Individuen in neuer Form zusammensetzen – als würden die Karten neu gemischt. Manche Lebewesen praktizieren Sexualität auch ohne Fortpflanzung. Das einzellige Pantoffeltierchen verbindet sich beispielsweise mit einem Individuum seiner Art, tauscht mit ihm die Gene aus und löst sich von ihm mit einer neuen genetischen Identität. Der Prozeß bringt keine neuen Lebewesen hervor, doch er sorgt unter den vorhandenen Pantoffeltierchen für eine Veränderung, durch die die Art sich besser anpassen und überleben kann. Darin scheint der wirkliche Vorteil geschlechtlicher Aktivitäten zu liegen.

Wären die Menschen wie Pantoffeltierchen, würden sexuelle Handlungen nicht zu Schwangerschaften führen, sondern die Augenfarbe und die Größe beider Partner verändern! Natürlich ist das absurd und unmöglich, weil der Mensch dazu aus viel zu vielen Zellen besteht. Es gibt keine Möglichkeit, um in allen Zellen gleichzeitig identische genetische Veränderungen hervorzurufen.

Beim Menschen und anderen Organismen, die aus vielen Zellen bestehen, findet diese Genkombination – das Neuverteilen der Karten – in dem Augenblick statt, da Sperma und Eizelle aufeinandertreffen. Augenblicklich beginnt dann die Entwicklung des Eis zu einem Embryo. Für uns sind Sexualität und Fortpflanzung untrennbar miteinander verbunden.

## Ein Kamm, eine Socke und ein Wasserhahn

Mit Hilfe eines Kammes und einer Wollsocke läßt sich die Struktur des Wassermoleküls demonstrieren.

Drehen Sie an einem kalten, trockenen Tag den Wasserhahn im Badezimmer nur so weit auf, daß Sie einen Wasserstrahl von der Dicke einer Bleistiftmine erhalten. Reiben Sie den Kamm an der Wollsocke, und bringen Sie seine Zähne langsam in die Nähe des Wasserstrahls. Unter den richtigen Bedingungen wird der Kamm das Wasser anziehen. Vielleicht schaffen Sie es sogar, den Strahl in einem Winkel von neunzig Grad oder mehr abzulenken.

Das ist möglich, weil Sie den Kamm durch das Reiben an der Socke statisch aufgeladen haben. Doch warum sollte ein aufgeladener Kamm Wasser anziehen? Das hängt mit dem asymmetrischen Aufbau der Wassermoleküle zusammen: Eine Seite jedes Wassermoleküls hat eine positive Ladung, die andere eine negative.

Denken Sie an die Welt der Elektrizität, wo sich gleiche Pole abstoßen und gegensätzliche Pole anziehen. Wenn der Kamm eine negative Ladung hat, zieht er die positive Seite eines jeden Wassermoleküls an und stößt die negative Seite ab. Die Wassermoleküle werden sich folglich so drehen, daß sich ihre positive Seite dem Kamm zukehrt.

Doch das ist noch nicht die ganze Erklärung. Je näher Sie der Spitze jedes Kammzahns kommen, desto stärker wird das elektrische Kraftfeld. Die positive Seite jedes Wassermoleküls liegt dichter am Kamm als seine negative Seite. Die Anziehung zwischen dem Kamm und der positiven Seite des Wassermoleküls ist also ein wenig stärker als die Abstoßung zwischen dem Kamm und der negativen Seite des Moleküls. Folglich gewinnt die Anziehungskraft die Oberhand und das Wasser nähert sich dem Kamm.

So kommt es, daß ein Kamm, der an einer Wollsocke gerieben und auf diese Weise statisch aufgeladen wird, einen Wasserstrahl anzieht. Übrigens würde auch die Socke das Wasser anziehen, denn das Reiben versieht Kamm und Socke mit Ladungen, die zwar gegensätzlich, aber von gleicher Stärke sind.

## Unsere entferntesten Verwandten

Ist der Mensch enger mit dem Regenwurm oder mit der Qualle verwandt? Nach der Sympathie können wir nicht gehen, denn wir mögen beide nicht.

Biologen haben eine Molekularmethode entwickelt, die ihnen Aufschluß über entfernte Verwandtschaften unter Lebewesen gibt. Dabei richten sie sich nicht nach dem Körperbau, sondern nach der Molekularstruktur der ribosomalen Ribonukleinsäure – kurz »ribosomalen RNS«. Jede lebende Zelle hat ihre ribosomale RNS; sie ist unentbehrlich für die Ausführung der genetischen Anweisungen der Zelle.

Ein ribosomales RNS-Molekül besteht aus einer langen Kette von vielen tausend kleineren Molekülen, die wie die Waggons eines Zugs aneinanderhängen. Von diesen kleineren Molekülen gibt es nur vier verschiedene Sorten, die bei jeder Art in bestimmter Weise angeordnet sind. Mit anderen Worten, jedes ribosomale RNS-Molekül ist eine lange kodierte Nachricht, die in einem Vier-Buchstaben-Alphabet geschrieben ist.

Heute kann man diese Texte mit Hilfe raffinierter Labortechniken entziffern, das heißt, die Anordnung der kleineren Einheiten im ribosomalen RNS-Molekül bestimmen. Dabei hat sich herausgestellt, daß sich die Buchstabenfolge dieser Nachricht von Art zu Art leicht unterscheidet. Arten mit sehr ähnlichen Buchstabenfolgen sind fast immer enger miteinander verwandt als solche, deren Buchstabenfolgen stärker voneinander abweichen.

Nach den Ergebnissen dieser Molekularmethode sind wir Menschen wohl enger mit Regenwürmern als mit Quallen verwandt. Die Reihenfolge der kleineren Einheiten in unserer ribosomalen RNS gleicht eher der Sequenz der Regenwürmer als der der Quallen.

Das würde umgekehrt heißen, daß Menschen und Regenwürmer vor langer Zeit einen gemeinsamen Vorfahren hatten – und daß vor noch längerer Zeit auch Menschen, Regenwürmer und Quallen einen gemeinsamen Vorfahren hatten. Die molekularen Ähnlichkeiten von heute bezeugen die Stammbäume von gestern.

## Billige Elfenbeinimitationen

Im Jahr 1863 bot die Firma Phelan und Collander, Hersteller von herkömmlichen Billardkugeln aus Elfenbein, demjenigen zehntausend Dollar, der einen Ersatz für natürliches Elfenbein fände.

Daraufhin entwickelte der amerikanische Drucker John Wesley Hyatt 1868 ein Material, das er »Zelluloid« nannte. Es war einer der ersten Kunststoffe. Der Name war von einem seiner Bestandteile abgeleitet, der Zellulose, aus der die Zellwände von Grünpflanzen bestehen und die man aus Sägemehl oder aus Baumwolle gewinnen kann. Zur Herstellung von Zelluloid benötigt man Salpetersäure, Schwefelsäure, Äther, Äthylalkohol und Kampfer, die in der richtigen Reihenfolge gemischt werden müssen. Ein gefährliches Verfahren, denn ein paar kleine Veränderungen in diesem Rezept, und man erhält keinen Kunst-, sondern einen Sprengstoff: Schießwolle.

Mit Hyatts Rezept ließ sich ein Material herstellen, das keine Ähnlichkeit mehr mit irgendeinem seiner Bestandteile hatte. Zelluloid war hart, wasserfest und ließ sich färben, formen, sägen, bohren, schleifen und polieren. Doch es hatte auch seine Nachteile: Die Farben verblaßten im Sonnenlicht, bei Temperaturen über 60°C löste es sich in rötlichen Rauch auf, und was das Schlimmste war: Es erwies sich, vor allem in Form dünner Folien, als extrem feuergefährlich. Aus Zelluloid stellte Hyatt Billardkugeln, falsche Zähne, Kragen, Manschetten, Knöpfe und Griffe her. Seine Blütezeit erlebte das Zelluloid in der kurzen Zeit, als man es für den Kinofilm verwendete. Zahlreiche Brände in Filmtheatern führten jedoch dazu, daß man zu den Sicherheitsfilmen überging, die wir heute noch benutzen.

Die Feuergefährlichkeit des Zelluloids mag auch hinter einer Anekdote stecken, die Hyatt 1914 selbst erzählte. Ein Saloonbesitzer in Colorado hatte Billardkugeln gekauft, die mit Zelluloid umhüllt waren. Manchmal knallte es bei den Zusammenstößen der billigen Imitate so laut, daß jeder im Saal seinen Revolver zückte.

# Gefrorene Heißwasserleitungen

Wenn Sie nicht-isolierte Wasserleitungen haben, die in einem Hohlraum unter dem Haus verlegt sind, friert Ihnen die Warmwasserleitung in kalten Winternächten wahrscheinlich vor der Kaltwasserleitung ein.

Das scheint keinen Sinn zu ergeben. Die Temperatur der Kaltwasserleitung liegt anfangs näher an der Temperatur der Außenluft, deshalb erscheint es logisch, daß die Kaltwasserleitung als erste kalt genug wird, um zu gefrieren. Das Argument hat jedoch einen Haken: Warmes und kaltes Wasser haben nicht den gleichen Gefrierpunkt – das heißt, kaltes Wasser wird im allgemeinen erst bei tieferen Temperaturen zu Eis als warmes Wasser. Der Grund ist darin zu suchen, daß kaltes Wasser mehr gelöste Luft enthält als warmes Wasser und daß alle im Wasser gelösten Stoffe den Gefrierpunkt senken.

Die Gefriertemperatur hängt also nicht nur von der Beschaffenheit des jeweiligen Stoffes ab, sondern auch von den Dingen, die in ihm gelöst sind. Deshalb sorgt das im Kühlwasser eines Autos gelöste Frostschutzmittel dafür, daß dieses Wasser auch bei einer Temperatur unter 0°C, dem Gefrierpunkt von reinem Wasser, flüssig bleibt. Die gleiche Wirkung erzielt Salz beim Wasser auf der Straße.

Jedenfalls enthält warmes Wasser weniger gelöste Luft als kaltes Wasser, deshalb muß es nicht ganz so stark gekühlt werden, bevor es gefriert. Die Warmwasserleitung gefriert also eher als die Kaltwasserleitung, weil das warme Wasser in der Regel weniger gelöste Luft enthält und deshalb einen höheren Gefrierpunkt hat als kaltes Wasser.

Dieser Zusammenhang zwischen Temperatur und gelöstem Gas ist auch ein Grund dafür, daß warmer Sekt und warmes Mineralwasser so rasch schal werden: Die warmen Getränke geben das gelöste Kohlendioxyd schneller ab als kalte Getränke. Das Prinzip erklärt außerdem, warum es in kalten Flüssen meist mehr Lebewesen gibt als in warmen Flüssen: Kaltes Wasser enthält mehr gelösten Sauerstoff.

## Das Geheimnis des aufsteigenden Wassers

Vielleicht erinnern Sie sich an dieses Experiment noch aus Ihrer eigenen Schulzeit. Doch hat man Ihnen auch die richtige Erklärung dazu geliefert? Der Artikel »Questionable Physics Tricks for Children« (»Zweifelhafte physikalische Tricks für Kinder«) in der Zeitschrift *The Physics Teacher* weist darauf hin, daß einige von uns möglicherweise eine falsche Erklärung erhalten haben.

Der Versuch ist ganz einfach: Stellen Sie eine brennende Kerze in die Mitte einer Untertasse. Füllen Sie die Untertasse mit Wasser, und stülpen Sie ein Glas über die Kerze, so daß der Rand des Glases im Wasser steht.

Nach einigen Sekunden hat die Flamme den Sauerstoff im Glas natürlich aufgebraucht und verlöscht. Das haben wir alle erwartet. Schauen Sie sich jetzt den Wasserspiegel innerhalb des Glases an. Sie werden bemerken, daß das Wasser dort um den Bruchteil eines Zentimeters gestiegen ist, was bedeutet, daß der Anteil des Gases im Glas im Vergleich zu vorher gesunken ist. Meist wurde den Schülern dann erklärt, daran könne man erkennen, daß der Sauerstoff im Glas aufgebraucht worden sei.

Hier sind zwei Dinge falsch: Erstens beträgt der Sauerstoffanteil in frischer Luft 20 Prozent, während sich das Gasvolumen nicht annähernd so stark verringert. Wir müssen berücksichtigen, daß die Flamme zwar den Sauerstoff verbraucht, doch dabei ein fast ebenso großes Volumen von Kohlenmonoxyd und Kohlendioxyd erzeugt. Gleiches passiert beim Verbrennen von Holz oder von fossilen Brennstoffen wie Kohle und Öl. Zweitens ist zu beobachten, daß das Wasser im Glas sehr schnell steigt und nicht allmählich und daß das erst geschieht, nachdem die Flamme erloschen ist.

Überlegen wir uns also, was tatsächlich passiert, wenn Sie ein Glas über eine brennende Kerze stülpen, die auf einer Untertasse voller Wasser steht: Die Wärme der brennenden Kerze veranlaßt die Luft im Glas, sich auszudehnen. Nachdem die Kerze ausgegangen ist, kühlt sich das Gas schnell ab und zieht sich zusammen. Infolgedessen fällt der Druck im Glas und der atmosphärische Druck läßt das Wasser im Glas steigen.

## Würden Sie so was trinken?

Würden Sie eine Mischung aus folgenden Zutaten trinken: Acetaldehyd, einem Stoff, der eng mit der Konservierungsflüssigkeit Formaldehyd verwandt ist, Äthylacetat, am besten bekannt als Farblösungsmittel, Aceton, viel benutzt als Nagellackentferner, Essigsäure, auch als Essig bekannt, und ein paar Bestandteilen, die man »Hexenale« nennt und die frisch gemähtem Gras seinen typischen Geruch verleihen?

Das klingt grauenvoll. Doch tatsächlich hat wohl schon jeder von uns diese Mischung einmal getrunken. Denn es handelt sich um einige Bestandteile von natürlichem Traubensaft. Auf der Liste fehlen lediglich die drei Bestandteile, die am reichlichsten vorhanden sind, nämlich Wasser, Zucker und Zitronensäure. Doch seinen besonderen Geschmack verdankt der Traubensaft Ingredienzen wie Acetaldehyd, Äthylacetat, Aceton, Essigsäure und Hexenalen – in kleinen Mengen und im richtigen Mischungsverhältnis.

Kleine Mengen und das richtige Mischungsverhältnis sind wichtig. Nehmen wir irgendeine andere chemische Substanz, Cyanwasserstoff zum Beispiel. Kleine Mengen von Cyanwasserstoff sind in Kirschen vorhanden und tragen zu ihrem typischen Geschmack bei. In größeren Mengen ist es jedoch ein Gift, das wir unter dem Namen Blausäure kennen.

Und noch eine weitere Erkenntnis können wir aus diesem Beispiel gewinnen, daß nämlich die wissenschaftliche Bezeichnung eines chemischen Stoffes Ihnen nicht verrät, ob der Stoff sozusagen Freund oder Feind ist.

Was riechen Sie lieber: Hydroxyphenol-2-Butanon oder Trimethylamin? Anhand der Namen können Sie sicherlich nicht erraten, daß die erste Chemikalie zum Geschmack reifer Himbeeren beiträgt und die zweite zum Gestank von faulem Fisch!

## Kann es zum Schneien zu kalt sein?

Wenn Meteorologen ihre Aufzeichnungen zu Rate ziehen, kommen sie zu dem Ergebnis, daß es zum Schneien offenbar nie zu kalt ist. Schneefall wurde schon bei Temperaturen von minus 47°C beobachtet.

Es gibt verschiedene Gründe dafür, daß wir bei sehr kaltem Wetter nicht unbedingt an Schneefall denken. Erstens enthält kalte Luft weniger Wasserdampf als warme Luft. Und Wasserdampf ist nun einmal erforderlich, damit Schneeflocken sich bilden können. Allerdings gibt es immer ein bißchen Wasserdampf, und mag die Luft noch so kalt sein. Unter den richtigen Bedingungen bilden sich aus dem Dampf auch Wolken und Schnee.

Ein weiterer Grund dafür, daß wir kaltes Wetter und Schneefall nicht miteinander in Verbindung bringen, liegt darin, daß sich, zumindest in unseren Regionen, das kälteste Wetter meist in Hochdruckgebieten bildet, wo es kaum Wolken gibt. So verbinden sich in unserer Vorstellung sehr kalte Temperaturen in der Regel mit sternklaren Nächten. Unter anderem sind klare Nächte deshalb besonders kalt, weil unsere Körperwärme direkt in den interplanetaren Raum entweicht. Jedes warme Objekt, die Erdoberfläche wie jeder einzelne Mensch, setzt Wärmeenergie in Form von unsichtbarem Infrarotlicht frei. In einer klaren Nacht entweicht dieses Infrarotlicht auf Nimmerwiedersehen ins All. Eine Wolkendecke würde einen Teil des infraroten Lichts zur Erde und zu uns zurückwerfen. Wenn die Infrarotstrahlen auf unsere Haut treffen, wird ein Teil ihrer Energie in Wärme zurückverwandelt. Deshalb ist uns unter bewölktem Himmel etwas wärmer als in klaren Nächten.

Zum Schneien ist es also nie zu kalt. Doch Schnee und extreme Kälte treffen selten zusammen, da die kältesten Nächte gewöhnlich klare Nächte sind.

## Kann es zum Schneien zu warm sein?

Schneeflocken sind Eiskristalle; Wasser gefriert bei Temperaturen unter 0 °C zu Eis. So könnte man zunächst denken, daß es bei Außentemperaturen über dem Gefrierpunkt niemals schneit.

Bedenken Sie aber, daß die Atmosphäre bei steigender Höhe im allgemeinen kälter wird. Selbst an einem warmen Sommertag beträgt die Temperatur in einer Höhe von über 4500 Metern unter 0°. In dieser Höhe können sich folglich Schneeflocken bilden. Tatsächlich vermuten Meteorologen, daß die meisten Regentropfen, die in unserem Teil der Welt herunterkommen, als Schneeflocken beginnen, die schmelzen, sobald sie auf ihrem Weg nach unten durch wärmere Luft fallen.

Hoch über dem Meeresspiegel können sich also auch dann Schneeflocken bilden, wenn die Temperaturen in Bodennähe weit über dem Gefrierpunkt liegen. Ob wir es dann schneien oder regnen sehen, hängt davon ab, wie vollständig die Schneeflocken vorher schmelzen.

Eine Schneeflocke, die nicht völlig geschmolzen ist, könnte durch Verdunstung überleben. In warmer Luft nimmt die Schneeflocke Wärme auf. Doch die Wasserverdunstung an der Oberfläche der schmelzenden Schneeflocke entzieht ihr diese Wärme wieder. Energie in der Form von Wärme wird dadurch verbraucht, daß Wassermoleküle von der nassen Schneeflocke an die Luft abgegeben werden.

Auf die gleiche Weise wird unser Körper gekühlt, wenn Schweiß auf der Haut verdunstet.

Also kann es auch bei Bodentemperaturen über dem Gefrierpunkt durchaus schneien. Wenn die Verdunstung der Schneeflocke die Wärme so schnell entziehen kann, wie die Flocke sie aus der warmen Luft in der Umgebung aufnimmt, überlebt das Gebilde möglicherweise lange genug, um für uns noch als Schneeflocke erkennbar zu sein.

## Alkoholgehalt

Es gibt eine alte Geschichte: Ein Revolverheld betritt einen Saloon und verlangt an der Bar einen Drink. Dann nimmt er eine Patrone aus seinem Gürtel, bricht sie auf und läßt ein bißchen Schießpulver auf die Theke rieseln. Nachdem er etwas Whisky auf das Schießpulver geschüttet hat, hält er ein brennendes Streichholz an das feuchte Pulver. Brennt das Pulver langsam und gleichmäßig, dann hat der Gast den Beweis dafür, daß das Getränk die richtige Menge Alkohol enthält.

Heutzutage schauen wir nach der Normalstärkeangabe, die etwa dem Doppelten des Alkoholgehalts entspricht: Eine Normalstärke von 100 entspricht ungefähr 50 Prozent Alkoholgehalt. Üblicherweise wird der Alkohol in Wein, Bier und stärkeren Getränken aus dem Gärungsprozeß gewonnen: Hefe verbraucht Zucker oder Stärke und erzeugt als Abfallprodukt Äthylalkohol oder Äthanol. Der Zucker stammt aus Trauben oder anderen süßen Früchten, während Gerste, Weizen, Mais, Kartoffeln oder andere Feldfrüchte für die Stärke sorgen.

Selbst für die Hefe, die den Äthylalkohol produziert, ist Alkohol Gift. Wenn der Alkoholgehalt einer gärenden Flüssigkeit über 15 Prozent ansteigt, kommt die Hefe in ihrem eigenen Abfallprodukt um. Deshalb findet man keinen natürlich entstandenen Wein mit einem Alkoholgehalt von über 15 Prozent.

Spirituosen mit höherem Alkoholanteil werden gewöhnlich durch Destillation hergestellt, einem Prozeß, der sich den Umstand zunutze macht, daß Alkohol schon bei niedrigeren Temperaturen kocht als Wasser. Infolgedessen hat der Dampf einer solchen kochenden Flüssigkeit einen höheren Alkoholgehalt als die Flüssigkeit selbst. Wenn man diesen Dampf wieder über eine kalte Oberfläche leitet, kondensiert er wie Wasserdampf an einer kalten Scheibe und wird wieder zu einer alkoholhaltigen Flüssigkeit. Dieser Vorgang findet in den spiralförmigen Röhren eines Destillierapparats statt.

Der destillierte Schnaps hat einen höheren Alkoholgehalt als das Ursprungsgetränk. Außerdem besitzt er auch eine höhere Konzentration der Zutaten, die ihm Geschmack und Aroma verleihen.

Wenn man allerdings bei der Herstellung nicht die nötigen Vorsichtsmaßnahmen beachtet, weist das destillierte Getränk auch eine gefährliche Konzentration an starken Giften auf, die unter dem Namen »Fuselöl« zusammengefaßt werden (wir erkennen das Wort »Fusel« darin wieder).

## Sommerlicher Gefrierschutz und Bonbons

Warum sollte man im Sommer Gefrierschutz benutzen?

Wenn man ein Frostschutzmittel in den Autokühler gießt, dann wird das Kühlsystem im Winter nicht einfrieren. In Wasser gelöstes Frostschutzmittel hat einen weit niedrigeren Gefrierpunkt als das Wasser oder das Gefrierschutzmittel allein.

Nach einem chemischen Grundprinzip sinkt der Gefrierpunkt des Wassers – und steigt sein Siedepunkt –, wenn man irgendeinen Stoff in ihm löst. Im Sommer muß das Kühlwasser flüssig bleiben, um dem Motor Wärme entziehen zu können. Dann sorgt das Frostschutzmittel also dafür, daß das Kühlsystem funktioniert, weil die Lösung aus Frostschutzmittel und Wasser heißer werden kann, ohne zu kochen, als Wasser allein.

Eine andere Anwendung findet dieses Prinzip beim Bonbonkochen, wenn Sie Zucker in Wasser lösen und diese Lösung erhitzen. Bei Bonbonrezepten ist es häufig erforderlich, die Zuckerlösung auf eine bestimmte Temperatur zu erwärmen, damit der Zucker in der richtigen Weise kristallisiert und die Bonbons die richtige Konsistenz haben. Wenn Sie die Zuckerlösung erhitzen, beginnt das Wasser zu verkochen, während der Zucker zurückbleibt und die Zuckerlösung konzentrierter wird.

Jetzt machen Sie sich den Zusammenhang zwischen Zuckerkonzentration und Siedepunkt zunutze: Mit der Konzentration der Lösung steigt der Siedepunkt. Je mehr Wasser verkocht, desto stärker wird die Lösung und desto höher steigt ihre Temperatur.

Wie das Gefrierschutzmittel den Siedepunkt des Wassers in Ihrem Kühler erhöht, so läßt der Zucker den Siedepunkt des Wassers in Ihrem Topf auf dem Herd ansteigen. Da das Wasser allmählich verkocht, können Sie die Temperatur der Bonbonmischung genau kontrollieren.

Die Konzentration des Zuckers bestimmt die Temperatur des Siedepunktes, und die Temperatur, bei der die Mischung gekocht wird, bestimmt wiederum, welche Konsistenz die Bonbons haben werden, wenn sie abkühlen. Der Hauptunterschied zwischen Sirup, weichen Bonbons und harten Bonbons ist ihr Siedepunkt.

# Danksagung

Ohne die freundliche Unterstützung der Verwaltung und der wissenschaftlichen Mitarbeiter der Indiana University hätte weder die Radiosendung noch das Buch entstehen können.

Natürlich ist jedes derartige Unterfangen auf finanzielle Unterstützung angewiesen, und dafür möchten wir danken: dem Dean's Incentive Fund des College of Arts and Sciences, dem Office of Research and Graduate Development, dem Office of the Vice-President des Bloomington Campus sowie dem Office of the Cancellor, dem Office of the President of the University und den Indiana University Radio and Television Services.

Unser aufrichtiger Dank gilt allen Wissenschaftlern, die ihre Zeit großzügig opferten, um das Manuskript auf seine wissenschaftliche Richtigkeit zu überprüfen. Bei den folgenden Beiträgen halfen: Barry Aprison, Biologie, Alan Backler, Teaching Resources Center, Tom Blumenthal, Biologie, John Castellan, Psychologie, James Craig, Psychologie, David Easterling, Geographie, Guy Emery, Physik, John Ewing, Mathematik, Daniel Knudsen, Geographie, Harold Ogren, Physik, David Parkhurst, Public and Environmental Affairs, William Popkin, Rechtswissenschaft, Robert Port, Linguistik, Elizabeth Raff, Biologie, Rudolf Raff, Biologie, Steven Russo, Chemie, und Eugene Weinberg, Medizin und Biologie.

# Anmerkungen

Benjamin Franklin und die Stoffmuster im Schnee

N. G. Goodman (Hg.), *The Ingenious Dr. Franklin: Selected Scientific Letters of Benjamin Franklin*, 1931; Philadelphia, University Pennsylvania Press, 1974, S. 181.

Einmal reicht

N. K. Jerne, »The Immune System«, *Scientific American*, Juli 1973.

Helena Curtis, *Biology*, 4. Aufl., New York, Worth, 1983.

Warum ist der Himmel so blau?

Marcel Minnaert, *The Nature of Light and Colour in the Open Air*, New York, Dover, 1954.

Richard P. Feynman, *The Feynman Lectures on Physics*, Reading, Mass., Addison-Wesley, 1964, Bd. I, Kap 32.

Statische Elektrizität

Richard P. Feynman, *The Feynman Lectures on Physics*, Reading, Mass., Addison-Wesley, 1964, Bd. II, Kap. 1.

A. D. Moore, »Elektrostatics«, *Scientific American*, März 1972.

Warum ein fauler Apfel die anderen verdirbt

»Ethylen«, in: *McGraw-Hill Encyclopedia of Science and Technology*, New York, McGraw-Hill, 1987.

Frank B. Salisbury und Cleon W. Ross, *Plant Physiology*, 3. Aufl., Belmont, Kalif., Wadsworth, 1985.

Supraleiter

»Superconductivity: The State That Came in from the Cold«, *Science*, 239, 22. Januar 1988, S. 367.

»The 1987 Nobel Prize for Physics«, *Science*, 238, 23. Oktober 1987, S. 481.

»More Superconductivity Questions Than Answers«, *Science*, 237, 17. Juli 1987, S. 249.

Verursacht Rauchen Lungenkrebs?

U.S. Departement of Health and Human Services, *Health consequences of Smoking: Report of the Surgeon General – Cancer*, 1982.

U.S. Departement of Health, Education and Welfare, *The Health Consequences of Smoking: A Reference Edition*, 1976.

Was ist ein Gen?

»Genetics and Heredity«, in: *Encyclopedia Britannica*, 15. Aufl.

»Eye Color«, in: Victor A. McKusick, *Mendelian Inheritance in Man: Catalogue of Autosomal Dominants, Autosomal Recessives, and X-Linked Phenotypes,* 4. Aufl., Baltimore, John Hopkins University Press, 1975.

Warum leuchten Katzenaugen in der Nacht?

Marcel Minnaert, *The Nature of Light and Colour in the Open Air,* New York, Dover, 1954.

»Eye (Vertebrate)«, in: *McGraw-Hill Encyclopedia of Science and Technology,* New York, McGraw-Hill, 1987.

Stephen L. Polyak, *The Vertebrate Visual System,* Chicago, University of Chicago Press, 1957.

Paul Ehrlich, Farben und Arzneimittel

Claude E. Dolman, »Paul Ehrlich«, in: *Dictionary of Scientific Biography,* New York, Charles Scribner's Sons, 1971.

Aaron J. Ihde, *The Development of Modern Chemistry,* New York, Harper and Row, 1964.

Alexander Finlay, *A Hundred Years of Chemistry,* Atlantic Highlands, N. J., Humanities, 1965.

Mit ähnlicher Thematik: Allan M. Brandt, »The Syphilis Epidemic and Its Relation to AIDS«, *Science,* 239, 22. Januar 1988, S. 375.

Warum wir nie das Ende des Regenbogens erreichen

Marcel Minnaert, *The Nature of Light and Colour in the Open Air,* New York, Dover, 1954.

H. Moysés Nussenzweig, »The Theory of the Rainbow«, *Scientific American,* April 1977.

Robert Greenler, *Rainbows, Halos, and Glories,* New York, Cambridge University Press, 1980.

Der Unterschied zwischen einem Quadrat und einer Raute

Vgl. Irvin Rock, »The Perception of Disoriented Figures«, *Scientific American,* Januar 1974.

Stimmen über einem abendlichen See

Joe R. Eagleman, *Meteorology: The Atmosphere in Action,* 2. Aufl., Belmont, Wadsworth, 1985, Kap. 13, »Atmospheric Optics and Acoustics«.

Kommen die besten Hunde aus dem Tierheim

The Monks of New Skete, *How to Be Your Dog's Best Friend,* Boston, Little Brown, 1978.

Wirf eine Münze und schlag der Wahrscheinlichkeit ein Schnippchen

Die Zahl möglicher Ergebnisse bei *n* Münzwürfen beträgt $2^n$. Eine ununterbrochene Folge von Kopfwürfen ist nur eine von $2^n$ Möglichkeiten. $2^{20} = 1{,}049 \times 10^6$; $2^{99} = 6{,}338 \times 10^{29}$; $2^{299} = 1{,}109 \times 10^{90}$.

Stroboskopische Postkuschenräder

Marcel Minnaert, *The Nature of Light and Colour in the Open Air,* New York, Dover, 1954.

Warum bestehen Glocken aus Metall?

Rodney Cotterill, *The Cambridge Guide to the Material World,* New York, Cambridge University Press, 1985.

J. Bronnowski, *Der Aufstieg des Menschen,* Frankfurt a. M./Berlin, Ullstein, 1976. *Scientific American*, September 1967.

Richard P. Feynman, *The Feynman Lectures on Physics,* Reading, Mass., Addison-Wesley, 1964, Bd. I, Kap. 21.

Warum fließen Flüsse nicht schnurgerade?

Vgl. Luna Leopold und W. B. Langbein, »River Meanders«, *Scientific American,* Juni 1966.

John S. Shelton, *Geology Illustrated,* San Francisco, W. H. Freeman, 1966.

Grundbaustein des Lebens

C. P. Swanson und P. L. Webster, *The Cell,* 5. Aufl., Englewood Cliffs, N. J., Prentice-Hall, 1985.

Helena Curtis, *Biology*, 4. Aufl., New York, Worth, 1983.

Wie Aspirin zu seinem Namen kam

Carrie Dolan, »What Soothes Aches, Makes Flowers Last, and Grows Hairs? Aspirin, The Model-T of Drugs, Does All This and More; Fire Ants and Willow Bark«, *Wall Street Journal,* 19. Februar 1988.

Carroll Hochwalt, »The Story of Aspirin«, *Chemistry,* 30(6), 1957, S. 10.

Aaron J. Ihde, *The Development of Modern Chemistry,* New York, Harper and Row, 1964.

Kaltes Wasser am Grund eines Sees

Robert Leo Smith, *Ecology and Field Biology*, New York, Harper and Row, 1974.

George K. Reid, *Pond Life,* New York, Golden Press, 1987.

Warum leben Frauen länger als Männer?

»Why Do Women Live Longer Than Men?«, *Science,* 238, 9. Oktober 1987, S. 158–160.

Eine Niederschlagswahrscheinlichkeit von dreißig Prozent

Zu detaillierteren Informationen über wissenschaftliche Risikoeinschätzung vgl. Richard Wilson und E. A. C. Crouch, »Risk Assessment and Comparisons: An Introduction«, *Science,* 236, 17. April 1987, S. 267–270.

Limeys

»Eric Patridge«, in: Paul Beale (Hg.), *A Dictionary of Slang and Unconventional English*, London, Routledge and Kegan Paul, 1984.

»James Lind«, in: *Dictionary of Scientific Biography,* New York, Charles Scribner's Sons, 1973.

»Biochemical Components of Organism« und »Medicine«, in: *Encyclopedia Britannica,* 15. Aufl., 1986.

Wie beginnt Lungenkrebs?

J. Michael Bishop, »Krebsgene«, *Spektrum der Wissenschaft,* Mai 1982, S. 44.

»Single Gene Deficiency Linked to Lung Cancer«, *New York Times,* 11. Dezember 1987, S. 17.

K. Kok u.a., »Deletion of an DNA Sequence at the Chromosomal Region 3p21 in All Types of Lung Cancer«, *Nature,* 330, 10. Dezember 1987, S. 578.

H. Brauch u.a., »Molecular Analysis of the Short Arm of Chromosome 3 in Small-Cell and Non-Small-Cell Carcinoma of the Lung«, *New England Journal of Medicine,* 317, 29. Oktober 1987, S. 1113.

Frühlingslicht

John Mitchell und die Massachusetts Audubon Society, *The Curious Naturalist,* Englewood Cliffs, N. J., Prentice-Hall, 1980.

Peter Farb (Hg.), *The Forest,* New York, Time, 1961.

Robert Leo Smith, *Ecology and Field Biology,* New York, Harper and Row, 1974.

Vitamine

Siehe »Vitamin«, in: *Supplement of the Oxford English Dictionary* und im *OED.*

Aaron J. Ihde, *The Development of Modern Chemistry,* New York, Harper and Row, 1964.

Elmer V. McCollum, *A History of Nutrition: The Sequence of Ideas in Nutrition Investigations,* Boston, Houghton-Mifflin, 1957.

Farben und ihre Gegensätze

Siehe »Colour« und verwandte Stichwörter in der *Encyclopedia Britannica.*

Matthew Luckiesh, *Colour and its Applications,* New York, D. Van Nostrand, 1915.

Wie sieht die Welt für eine Biene aus?

G. P. Können, *Polarized Light in Nature,* New York, Cambridge University Press, 1985.

Knut Schmidt-Nielsen, *Animal Physiology: Adaption and Environment,* 3. Aufl., New York, Cambridge University Press, 1983.

Marcel Minnaert, *The Nature of Light and Colour in the Open Air,* New York, Dover, 1954.

Der Tod der Dinosaurier: Eine kurze Bestandsaufnahme

»Star-Struck? Impacts' Role in the History of Life Remains Contentious«, *Scientific American,* April 1988, S. 37.

Warum stellen wir Schnittblumen ins Wasser?

Frank B. Salisbury und Cleon W. Ross, *Plant Physiology,* 3. Aufl., Belmont, Calif., Wadsworth, 1985.

Helena Curtis, *Biology,* 4. Aufl., New York, Worth, 1983.

Leben ohne Null

»Zero«, in: *McGraw-Hill Encyclopedia of Science and Technology,* New York, McGraw-Hill, 1987.

»Numerals and Numeral Systems«, in: *Encyclopedia Britannica.*

O. Neugebauer, *The Exact Sciences in Antiquity,* New York, Dover, 1968.

»Brahmagupta«, in: *Dictionary of Scientific Biography,* New York, Charles Scribner's Sons, 1970.

Prostaglandine

Helena Curtis, *Biology,* 4. Aufl., New York, Worth, 1985.

J. R. Vane, »Inhibition of Prostaglandins Synthesis as a Mechanism for the Action of Aspirin-Like Drugs«, *Nature: New Biology,* 231, 1971, S. 232–235.

J. B. Smith und A. L. Willis, »Aspirin Selectively Inhibits Prostaglandin Production in Human Platelets«, *Nature: New Biology,* 231, 1971, S. 235–237.

Gesüßte Kondensmilch

Harold McGee, *On Food and Cooking: The Science and Lore of the Kitchen,* New York, Macmillan, 1974.

Irma S. Rombauer und Marion Rombauer-Becker, *The Joy of Cooking,* Indianapolis, Bobbs Merrill, 1974.

Was der Wetterbericht verschweigt

Robert Leo Smith, *Ecology and Field Biology,* New York, Harper and Row, 1974.

Food and Agriculture Organization of the United Nations, *Forest Influences: An Introduction to Ecological Forestry,* Forestry and Forest Products Studies, Nr.15, New York, Unipub, 1962.

Warum Rasenmähen dem Gras nicht den Garaus macht

Frank B. Salisbury und Cleon W. Ross, *Plant Physiology,* 3. Aufl., Belmont, Calif., Wadsworth, 1985.

Helena Curtis, *Biology,* 4. Aufl., New York, Worth, 1985.

Galileis Bewerbung

Richard S. Westfall, »Science and Patronage: Galileo and the Telescope«, *ISIS,* 76, 1985, S.11–30.

Klein, aber oho

William A. Kieffer, *Chemistry: A Cultural Approach,* New York, Harper and Row, 1971.

Helena Curtis, *Biology,* 4. Aufl., New York, Worth, 1983, S. 98.

Ozon und Eis

Richard A. Kerr, »Stratospheric Ozone Is Decreasing«, *Science,* 239, 25. März, S. 1489–1491.

Richard Monastersky, »Decline of the CFC Empire«, *Scientific News,* 133, 9. April 1988.

Richard A. Stolarski, »Das Ozonloch über der Antarktis«, *Spektrum der Wissenschaft,* März 1988, S. 70.

Die Überraschung in Benjamin Franklins Madeira-Wein

Aus einem Brief von Franklin an Barbeu Dubourg, veröffentlicht in: N. G. Goodman (Hg.), *The Ingenious Dr. Franklin: Scientific Letters of Benjamin Franklin,* 1931; Philadelphia, University of Pennsylvania Press, 1956, S. 150–152.

Krieg der Mikroben

André Lwoff, »Interaction among Virus, Cell and Organism«, Nobelpreisrede, 1965; in: *Nobel Lectures in Molecular Biology,* 1933–1975, New York, Elsevier-North Holland, 1977.

Geburt des atomaren Zeitalters

Henri Becquerel, Vorlesung, zitiert in: George Schwartz und Philip W. Bishop (Hg.), *Moments of Discovery: The Development of Modern Science,* New York, Basic Books, 1985.

»On Radioactivity, a New Property of Matter«, Nobelpreisrede,1903; zitiert in: *Nobel Lectures: Physics, 1901–1921,* New York, Elsevier, 1967.

Aufrichtige Antworten auf persönliche Fragen

Gina Kolata, »How to Ask about Sex and Get Honest Answers«, *Science,* 236, 24. April 1987, S. 382.

Risikoeinschätzung

Vgl. die Artikel über Risikoeinschätzung in: *Science,* 236, 17. April 1987.

Gebrochene Symmetrie – kosmetisch oder kosmisch?

Richard P. Feynman, *The Feynman Lectures on Physics,* Reading, Mass., Addison-Wesley, 1964, Bd. I, Kap. 52.

Robert K. Adair, »Verletzung der CP-Invarianz«, *Spektrum der Wissenschaft,* April 1988, S. 70.

Antimaterie

Richard P. Feynman, *The Feynman Lectures on Physics,* Reading, Mass., Addison-Wesley, 1964, Bd. I, Kap. 52.

Robert K. Adair, »Verletzung der CP-Invarianz«, *Spektrum der Wissenschaft,* April 1988, S. 70.

Das Geheimnis klarer Eiswürfel

Ronald A. Delorenzo, *Problem Solving in General Chemistry,* Lexington, Mass., D. C. Heath, 1981, S. 240.

Zerbrochene Tassen und Atome

Rodney Cotterill, *The Cambridge Guide to the Material World,* New York, Cambridge University Press, 1985.

Geheimtür-Code

Martin E. Hellman, »Die Mathematik neuer Verschlüsselungssysteme«, *Spektrum der Wissenschaft,* August 1979, S. 92.

Martin Gardner's »Mathematic Games«, Kolumne in: *Scientific American,* August 1977.

Late-Night Radio

Vgl. unter den Stichwörtern *»Radio«, »Radio Broadcasting«, »Ionosphäre«* usw.; in: *McGraw-Hill Encyclopedia of Science and Technology,* New York, McGraw-Hill, 1987 und *Encyclopedia Britannica.*

Scheut die Natur das Vakuum?

Aus einem Brief von Torricelli; in: George Schwartz und Philip W. Bishop (Hg.), *Moments of Discovery,* New York, Basic Books, 1958.

Wie gelangt Wasser bis in die Baumwipfel?

Frank B. Salisbury und Cleon W. Ross, *Plant Physiology,* 3. Aufl., Belmont, Calif., Wadsworth, 1985.

Richard P. Feynman, *The Feynman Lectures on Physics,* Reading, Mass., Addison-Wesley, 1964, Bd. I, Kap. 1.

Farbenmathematik

Vgl. das Stichwort »*Colour*« und alle verwandten Stichwörter in der *Encyclopedia Britannica; »Colour Television«* und verwandte Stichwörter in der *McGraw-Hill Encyclopedia of Science and Technology,* New York, McGraw-Hill, 1987.

Was könnte das Weltklima verändern?

»Glacial Epoch«; in: *McGraw-Hill Encyclopedia of Science and Technology,* New York, McGraw-Hill, 1987.

Polarisiertes Licht und ein stiller See

Marcel Minnaert, *The Nature of Light and Colour in the Open Air,* New York, Dover, 1954, S. 253.

G. P. Können, *Polarized Light in Nature,* New York, Cambridge University Press, 1985.

Sind Waldbrände grunsätzlich von Übel?

Robert Leo Smith, *Ecology and Field Biology,* 3. Aufl., New York, Harper and Row, 1980.

Das Saueriersterben aus neuer Sicht

Scott F. Gilbert, *Developmental Biology,* Sunderland, Mass., Sinauer Associates, 1985.

M. W. J. Ferguson und T. Joanen, »Temperature of Egg Incubation Determines Sex in *Alligator mississippiensis«, Nature,* 96, 29. April 1982, S. 850.

Eine Kaffeetasse zerbricht

J. J. Gilman, »Fracture in Solids«, *Scientific American,* Februar 1960.

J. E. Field, »Fracture in Solids«, *Physics Teacher* 2, 1964, S. 215.

Wie sich Baktrien gegen Antibiotika wehren

T. Dobzhansky, »The Genetic Basis of Evolution«, *Scientific American,* Januar 1950; nachgedruckt in *Facets of Genetics: Readings from Scientific American,* hg. von A. Srb, San Francisco, W. H. Freeman, 1970.

Kalter Wind vor einem Gewitter

»Thunderstorm«; in: *Encyclopedia Britannica,* 15. Aufl.

C. Donald Ahrens, *Meteorology Today,* 2. Aufl., St. Paul, West, 1985.

Richard P. Feynman, *The Feynman Lectures on Physics,* Reading, Mass., Addison-Wesley, 1964, Bd II, Kap. 9.

Blitze

C. Donald Ahrens, *Meteorology Today,* 2. Aufl., St. Paul, West, 1985.

Richard P. Feynman, *The Feynman Lectures on Physics,* Reading, Mass., Addison-Wesley, 1964, Bd II, Kap. 9.

Donner

Arthur A. Few, »Thunder«, *Scientific American,* Juli 1975.

Wetterleuchten

C. Donald Ahrens, *Meteorology Today,* 2. Aufl., St. Paul, West, 1985.

Wie viele Jungen und wie viele Mädchen?

Martin Gardner, *Entertaining Science Experiments with Everyday Objects,* New York, Dover, 1981.

Moderne Biologie in einem Klostergarten

G. Mendel, »Experiments in Plant Hybridization«, (Org.: Versuche über Pflanzenhybriden, 1865), übersetzt und abgedruckt in: J. A. Peters (Hg.), *Classic Papers in Genetics,* Englewood Cliffs, N. J., Prentice Hall, 1959; und in: *Genetics: Readings from Scientific American,* mit einer Einführung von C. I. Davern, San Francisco, W. H. Freeman, 1981.

Sehen Sie sich mit den Augen anderer

Martin Gardner, *Entertaining Science Experiments with Everyday Objects,* New York, Dover, 1981.

Neutrinos und das Ende des Universums

Stan Woosley und Tom Weaver, »Die große Supernova von 1987«, *Spektrum der Wissenschaft,* Oktober 1989, S. 86.

»Neutrinos from Hell«, *Sky and Telescope,* Mai 1987.

Das gekochte Ei

Harold McGee, *On Food and Cooking: The Science and Lore of the Kitchen,* New York, Macmillan, 1985.

Wie aus einem Feld ein Wald wird

Eugene P. Odum, *Basic Ecology,* Philadelphia, Sanders College, 1983.

Robert Leo Smith, *Ecology and Field Biology,* 3. Aufl., New York, Harper and Row, 1980.

Die wichtigste Fliege in der Wissenschaftsgeschichte

T. H. Morgan »Sex Limited Inheritance in *Drosophila*« (1910); abgedruckt in: J. A. Peters (Hg.), *Classic Papers in Genetics,* Englewood Cliffs, N. J., Prentice-Hall, 1958; ursprünglich in *Science,* 32, S.120–122.

Helena Curtis, *Biology,* 4. Aufl., New York, Worth, 1983.

Wie Pflanzen kämpfen

»Allelopathy«, in: *McGraw-Hill Encyclopedia of Science and Technology,* New York, McGraw-Hill, 1987, und *Yearbook*, 1988.

A. Sutton und M. Sutton, *Eastern Forests,* New York, Knopf, 1985.

Wie schnell ziehen Wolken?

Marcel Minnaert, *The Nature of Light and Colour in the Open Air,* New York, Dover, 1954.

G. Johannson, »Visual Motion Perception«, *Scientific American,* Juni 1975.

S. H. Bartley, *Introduction to Perception,* New York, Harper and Row, 1969.

K. von Fieandt und I. K. Moustgaard, *The Perceptual World,* New York, Academic Press, 1977.

Eine Methode zum Nüssesortieren

»Nuts and Jolts«, *Scientific American,* Mai 1987, S. 58D.

A. Rosato u.a., »Why the Brazil Nuts Are on Top: Size Segregation of Particulate Matter by Shaking«, *Physical Review Letters* 58, 9. März 1987, S. 1038–1040.

Vgl.: R. B. Prigo, »Liquid Beans«, *The Physics Teacher,* Februar 1988, S. 101.

Alle reden von Genen – aber was tun sie eigentlich?

G. Beadle, »The Genes of Men and Molds«, *Scientific American,* September 1948; abgedruckt in: *Genetics: Readings from Scientific American,* mit einem Vorwort von C. I. Davern, San Francisco, W. H. Freeman, 1981.

Blätter oben und unten

D. F. Parkhurst und O. L. Loucks, »Optimal Leaf Size in Relation to Environment«, *Journal of Ecology* 60, 1972, S. 505–537.

Susan Wintsch, »The Greedy Leaf«, *Garden,* Mai–Juni 1986.

Ein Geschmackstest

Sir Ronald A. Fisher und Ghiuean T. Prance, *The Design of Experiments,* 9. Aufl., New York, Hafner, 1974, Kap. II.

Warum ein Gummiband zurückschnellt

Richard P. Feynman, *The Feynman Lectures on Physics,* Reading, Mass., Addison-Wesley, 1964, Bd. I, Kap. 44.

Frederick T. Wall, *Chemical Thermodynamics,* 2. Aufl., San Francisco, W. H. Freeman, 1965, Kap. 15, »Statistical Thermodynamics of Rubber«.

Wann reißt die Oberflächenspannung?

Zu diesem Thema: Martin Gardner, *Entertaining Science Experiments with Everyday Objects,* New York, Dover, 1981.

Wie Küchenschaben entwischen

J. M. Camhi, »Die Fluchtreaktion der Schabe«, *Spektrum der Wissenschaft,* Februar 1981, S. 110.

Die Mondtäuschung

Lloyd Kaufman und Irvin Rock, »The Moon Illusion«, *Scientific American,* Juli 1962.

Polarisierende Sonnenbrillen

G. P. Können, *Polarized Light in Nature,* New York, Cambridge University Press, 1985.

Für und Wider die Mercator-Projektion

»Map«, in: *McGraw-Hill Encyclopedia of Science and Technology,* New York, McGraw-Hill, 1987.

*Encyclopedia Britannica,* 14. Aufl., 1968.

Es gibt eine Abbildung der Mercator-Weltkarte in *Chamber's Encyclopedia,* 1969, Bd. XV, S. 2–3.

Überraschung am Rand des Schattens

F. Ratliff, »Contour and Contrast«, *Scientific American,* Juni 1972.

Marcel Minnaert, *The Nature of Light and Colour in the Open Air,* New York, Dover, 1954.

Vgl. ferner: M. S. Livingstone, »Kunst, Schein und Wahrnehmung«, *Spektrum der Wissenschaft,* März 1988, S. 114.

Richard P. Feynman, *The Feynman Lectures on Physics,* Reading, Mass., Addison-Wesley, 1964, Bd. I, Kap. 36.

Algen als Thermostaten

B. P. Kremer, »Mikroalgen als Klimafaktor«, *Spektrum der Wissenschaft,* Juni 1988, S. 20.

»No longer Willful, Gaia Becomes Respectable«, *Science,* 240, 22. April 1988. S. 393–395.

R. J. Charlson u.a., »Evidence for the Climate Role of Marine Biogenic Sulfur«, *Nature,* 329, 24. April 1987, S. 319.

Einen Stock ausbalancieren ohne hinzuschauen

H. Steinhaus, *Mathematical Snapshots,* New York, Oxford University Press, 1950.

Martin Gardner, *Entertaining Science Experiments with Everyday Objects,* New York, Dover, 1981.

Der Stein im Ruderboot

R. J. Brown, *333 More Science Tricks and Experiments,* Blue Ridge Summit, Pa., Tab, 1981.

Nicht sauber, sondern rein

»Bleaching«, in *McGraw-Hill Encyclopedia of Science and Technology*, New York, McGraw-Hill, 1987.

F. L. Wiseman, *Chemistry in the Modern World,* New York, McGraw-Hill, 1985.

Hormon-Insektizide

W. S. Bowers u.a., »Discovery of Insect Anti-juvenile Hormones in Plants«, *Science,* 193, 13. August 1976, S. 542–547.

Scott F. Gilbert, *Developmental Biology,* Sunderland, Mass., Sinauer Associates, 1985.

Ein Bild auf dem Kopf

C. J. Lynde, *Science Experiences with Ten-Cent Store Equipment,* 2. Aufl., Scranton, Pa., International Textbook Co. 1951, S. 132.

Ein neuer Mensch aus einer Nase?

Scott F. Gilbert, *Developmental Biology,* Sunderland, Mass., Sinauer Associates, 1985, S. 314.

Die geheimnisvolle Zahl Pi

David Well, *The Penguin Dictionary of Curious and Interesting Numbers,* New York, Penguin, 1986.

Peter Beckmann, *A History of Pi,* New York, St. Martin's, 1971.

»Following Pi down the Decimal Trail«, *Science News,* 133, 2. April 1988, S. 215.

Sprungfedern in Schnellrestaurants

Zitiert aus Hookes Abhandlung in der Anthologie *Moments of Discovery,* Bd. 1, hg. von George Schwartz und Philip W. Bishop, New York, Basic Books, 1958.

Richard P. Feynman, *The Feynman Lectures on Physics,* Reading, Mass., Addison-Wesley, 1964, Bd. I, Kap. 12.

Glühwürmchensignale

J. E. Lloyd, »Gefälschte Signale – die Verstellungskunst der Glühwürmchen«, *Spektrum der Wissenschaft,* September 1981, S. 106.

Fata Morganen

Marcel Minnaert, *The Nature of Colour and Light in the Open Air,* New York, Dover, 1954.

Gelbsehen

R. Bergsten, »When Is Yellow *Yellow?«, The Physics Teacher,* Oktober 1986.

Warum Baumwolle knittert

F. L. Wiseman, *Chemistry in the Modern World: Concepts and Applications,* New York, McGraw-Hill, 1985.

»Glass Transition«, in: *McGraw-Hill Encyclopedia of Science and Technology,* New York, McGraw-Hill, 1987.

DNS, auf frischer Tat ertappt

John Cairns, »The Bacterial Chromosome«, *Scientific American,* Januar 1966; abgedruckt in: *Scientific American Anthology Genetics,* San Francisco, W. H. Freeman, 1981.

Newtons Regenbogen

I. B. Cohen, »Isaac Newton«, in: *Dictionary of Scientific Biography,* New York, Charles Scribner's Sons, 1974.

R. S. Westfall, *Never at Rest: A Biography of Isaac Newton,* New York, Cambridge University Press, 1980.

Das elastische Lineal

C. J. Lynde, *Science Experiments with Ten-Cent Store Equipment,* Scranton, Pa., International Textbook Co., 1951, S. 71.

Ein Geheimnis entkorken

R. Hooke, *Micrographia,* New York, Dover, 1961.

R. S. Westfall, »Robert Hooke«; in: *Dictionary of Scientific Biography,* New York, Charles Scribner's Sons, 1972.

Psychologische Buchführung

Amos Tversky und Daniel Kahnemann, »The Framing of Decisions and the Psychology of Choice«, *Science,* 211, 30. Januar 1981, S. 453–458.

Die Farbe liegt im Auge des Betrachters

E. H. Land, »Experiments in Colour Vision«, *Scientific American,* Mai 1959.

Wein und Leben

H. Schriefers, »Eduard Buchner«, in: *Dictionary of Scientific Biography,* New York, Charles Scribner's Sons, 1970.

E. Buchner, Nobelpreisrede, 1907, mit einer Einführung von K. Mörner; in: *Nobel Lectures: Chemistry, 1901–1921,* New York, Elsevier, 1966.

Der richtige Punkt auf einem Baseballschläger

P. Kirkpatrick, »Batting the Ball«, *American Journal of Physics* 31, 1963, S. 606.

U. Ingard und W. L. Kraushaar, *Introduction to Mechanics, Matter and Waves,* Reading, Mass., Addison-Wesley, 1960, S. 343.

O. Eschbach, *Handbook of Engineering Fundamentals,* 2. Aufl., New York, Wiley, 1969, S. 4–41.

Ein Bild ohne Linse

G. K. Skinner, »Die Abbildung von Röntgenquellen mit kodierten Masken«, *Spektrum der Wissenschaft,* Oktober 1988, S. 74.

C. J. Lynde, *Science Experiences with Ten-Cent Store Equipment,* 2. Aufl., Scranton, Pa., International Textbook Co., 1951.

Ein Glockenspiel, ausschließlich für die Ohren

C. J. Lynde, *Science Experiences with Ten-Cent Store Equipment,* 2. Aufl., Scranton, Pa., International Textbook Co., 1951.

Martin Gardner, *Entertaining Science Experiments with Everyday Objects,* New York, Dover, 1981.

Nicht nur die Wärme ist schuld, sondern auch die Feuchtigkeit

R. C. Plumb, »Knowing Some Thermodynamics Can Save a Life«, *Journal of Chemical Education,* 49 (2), Februar 1972, S. 112–113.

Leuchtstofflampfen

»Fluorescent Lamp« in: *McGraw-Hill Encyclopedia of Science and Technology,* New York, McGraw-Hill, 1987.

H. R. Crane, »Fluorescent Lights: A Few Basic Facts«, *The Physics Teacher,* November 1985, S. 502.

»News Updates (Reagan Signs Ballast-Efficiency Standards)«, *Science News,* 134, 9. Juli 1988, S. 30.

J. Raloff, »Energy Efficiency: Less Means More – Fueling an Sustainable Future«, *Science News,* 133, 7. Mai 1988, S. 296–298.

Die Wahrheit über Bleichmittel

F. L. Wiseman, *Chemistry in the Modern World,* New York, McGraw-Hill, 1985.

»Bleaching«, in: *McGraw-Hill Encyclopedia of Science and Technology,* New York, McGraw-Hill, 1987.

Kohlenstoff-Datierung

»Radiocabon Dating«, in: *McGraw-Hill Encyclopedia of Science and Technology,* New York, McGraw-Hill, 1987.

M. W. Rowe, »Radioactive Dating: A Method for Geochronology«, *Journal of Chemical Education,* 62, Juli 1985, S. 580–584.

R. F. Flint und J. B. Skinner, *Physical Geology,* New York, Wiley, 1974.

Seifenblasen und Schmetterlingsflügel

C. J. Lynde, *Science Experiences with Ten-Cent Store Equipment,* 2. Aufl., Scranton, Pa., International Textbook Co., 1951.

Richard P. Feynman, *QED: The Strange Theory of Light and Matter,* Princeton, Princeton University Press, 1985.

Der Energie auf der Spur

R. S. Turner, »Julius Robert Mayer«, in: *Dictionary of Scientific Biography,* New York, Charles Scribner's Sons, 1974.

Warum Ventilatorflügel staubig bleiben

Richard P. Feynman, *The Feynman Lectures on Physics,* Reading, Mass., Addison-Wesley, 1964, Bd. II, Kap. 41.

A. Khurana, »Numerical Simulation Reveal Fluid Flows near Solid Boundaries«, *Physics Today,* Mai 1988.

C. Donald Ahrens, *Meteorology Today,* 2. Aufl., St. Paul, West, 1985, (Erörterung des Feststofftransports, S. 260).

I. Peterson, »Reaching for the Supercomputing Moon«, *Science News,* 133, 12. März 1988, S. 172.

S. Weisburd, »Record Speedups for Parallel Processing«, *Science News,* 133, 19. März 1988, S. 180.

I. Peterson, »Friction Features«, *Science News,* 133, 30. April 1988, S. 283.

Braune Äpfel und brauner Tee

Harold McGee, *On Food and Cooking: The Science and Lore of the Kitchen,* New York, Macmillan, 1984.

T. P. Coulate, *Food – The Chemistry of Its Components,* London, Royal Society of Chemistry, 1984.

Owen R. Fennema (Hg.), *Food Chemistry,* 2. Aufl., New York, M. Dekker, 1985.

Optik und Klebstoff

N. A. de Bruyne, »The Action of Adhesives«, *Scientific American,* April 1962; und: »How Glue Sticks«, *Nature* 180, 10. August 1975, S. 262-266.

»Adhesive« in: *McGraw-Hill Encyclopedia of Science and Technology,* New York, McGraw-Hill, 1987.

Auch das Licht braucht Zeit

Heinz Tobin, »Olaus Roemer«, in: *Dictionary of Scientific Biography,* New York, Charles Scribner's Sons, 1975.

I. B. Cohen, »Roemer and the First Determination of the Velocity of Light (1676)«, *Isis,* 31, 1940, S. 327–379.

Kleingedrucktes durch ein Stecknadelloch betrachtet

C. J. Lynde, *Science Experiences with Ten-Cent Store Equipment,* 2. Aufl., Scranton, Pa., International Textbook Co., 1951.

Orientierung mit Hilfe zweier Reißzwecken

P. J. Davis und W. G. Chinn, *3,1416 and All That,* Boston, Birkhauser, 1985, S. 160.

Ein Globus als Sonnenuhr

R. M. Sutton, »A Universal Sundial«, in: C. L. Strong (Hg.), *The Scientific American Book of Projects for the Amateur Scientist,* New York, Simon and Schuster, 1960, S. 62 ff.

Ein Tintenring im Wasserglas

Richard M. Sutton, *Demonstration Experiments in Physics,* New York, McGraw-Hill, 1938, S. 103.

Richard P. Feynman, *The Feynman Lectures on Physics,* Reading, Mass., Addison-Wesley, 1964, Bd. II, Kap. 40.

Warum Pfefferminz in Schokolade so kühl schmeckt

P. W. Atkins, »Molecules«, *Scientific American,* New York, 1987.

Harold McGee, *On Food and Cooking: The Science and Lore of the Kitchen,* New York, Macmillan, 1984.

Owen R. Fennema (Hg.), *Food Chemistry,* 2. Aufl., New York, M. Dekker, 1985.

Ein Blatt fällt

»Abscission«, in: *McGraw-Hill Encyclopedia of Science and Technology,* New York, McGraw-Hill, 1987.

Frank B. Salisbury und Cleon W. Ross, *Plant Physiology,* 3. Aufl., Belmont, Calif., Wadsworth, 1985.

Ein Punkt, eine Linie, eine Falte, eine schöne Kurve

Martin Gardner, »Parabeln«, *Spektrum der Wissenschaft,* Oktober 1981, S. 11.

Steuerung lebender Zellen

J. Hämmerling, »Nucleo-cytoplasmic Relationships in the Development of Acetabularia«, *International Review of Cytology* 2, 1953, S. 475–498.

Scott F. Gilbert, *Developmental Biology,* Sunderland, Mass., Sinauer Associates, 1985.

Tanzende Pollenkörner

Robert Brown, »A Brief Account of Microscopical Observations... on the Particles Contained in the Pollen of Plants...«; und Albert Einstein, »The Elementary Theory of the Brownian Motion«, beide in: Henry A. Boorse und Lloyd Motz (Hg.), *The World of the Atom, New York,* Basic Books, 1966.

Nasses Wetter macht die Welt bunter

Marcel Minnaert, *The Nature of Light and Colour in the Open Air,* New York, Dover, 1954, S. 345.

Wetter und Erdrotation

Pierre Costabel, »Gaspard Gustave de Coriolis«, in: *Dictionary of Scientific Biography,* New York, Charles Scribner's Sons, 1971.

C. Donald Ahrens, *Meteorology Today,* 2. Aufl., St. Paul, West, 1985.

J. B. Marion, *Classical Dynamics of Particles and Systems,* 2. Aufl., Orlando, Academic Press, 1970.

Infektionen: Ein Kampf zwischen zwei Organismen

E. Metschnikow, *Lectures on the Comparative Pathology of Inflammation,* 1891, New York, Dover, 1968.

Zitate aus: Olga Metschnikow, *Life of Ilja Metschnikow,* 1921; Neudruck, New York, Arno, 1972.

G. H. Brieger, »Ilja Metschnikow«, in: *Dictionary of Scientific Biography,* New York, Charles Scribner's Sons, 1974.

Warum stößt eine schwangere Frau ihren Fötus nicht ab?

Eugene D. Weinberg, »Pregnancy-Associated Immune Suppression: Risks and Mechanisms«, *Microbial Pathogenesis,* 3, 1987, S. 393–397.

Der Trick mit dem schwimmenden Korken

Martin Gardner, *Entertaining Science Experiments with Everyday Objects,* New York, Dover, 1981.

Eine Tausendstelsekunde

Nach einer Erörterung des Problems in: A. Bakst, *Mathematics: Its Magic and Mystery,* 3. Aufl., Princeton, N. J., Van Nostrand, 1967.

Die Enzymstatistik ist entnommen: Helena Curtis, *Biology,* 4. Aufl., New York, Worth, 1983, S. 168.

Berühren und berührt werden

J. Gibson, »Observations on Active Touch«, *Psychological Review* 69, 1962, S. 477–491.

Philip G. Zimbardo, *Psychology and Life,* 12. Aufl., Glenview, Ill., Scott, Foresman, 1988.

Wie weit können Sie an einem klaren Tag blicken?

A. Bakst, *Mathematics: Its Magic and Mystery,* 3. Aufl., Princeton, N.J., Van Nostrand, 1967, Kap. 29.

Edison und die Eierköpfe

Matthew Josephson, *Edison,* New York, McGraw-Hill, 1959, S. 274ff.

Die Form des Schalls

Hugo Steinhaus, *Mathematical Snapshots,* New York, Oxford University Press, 1950.

Die falsche Formel für Wasser

Aaron J. Ihde, *The Development of Modern Chemistry,* New York, Harper and Row, 1964.

J. Dalton, Auszug aus: *New System of Chemical Philosophy,* abgedruckt in: Henry A. Boorse und Lloyd Motz (Hg.), *The World of the Atom,* New York, Basic Books, 1966.

Die Entdeckung der Viren

V. Gutina, »Dmitri Iossifowitsch Iwanowski« und S. S. Hughes, »Willem Martinus Beijerinck«; in: *Dictionary of Scientific Biography,* New York, Charles Scribner's Sons, 1973, 1978.

G. R. Taylor, *The Science of Life: A Picture History of Biology,* New York, McGraw-Hill, 1963.

Zellen werden alt und sterben

L. Hayflick, »Cell Senescence and Death«, in: *McGraw-Hill Encyclopedia of Science and Technology,* New York, McGraw-Hill, 1987.

L. Hayflick, »Zellbiologie des Alterns«, *Spektrum der Wissenschaft,* März 1980, S. 76.

R. A. Weinberg, »Anti-Onkogene«, *Spektrum der Wissenschaft,* November 1988, S. 92.

Töne unterscheiden

J. G. Roederer, *Introduction to the Physics and Psychophysics of Music,* 2. Aufl., New York, Springer-Verlag, 1975.

Mikroentladungen und Flugzeugunglücke

Donald Ahrens, *Meteorology Today,* 3. Aufl., St. Paul, West, 1988.

»Airlines Told to Arm Planes against Wind Threat«, *New York Times,* Freitag, den 22. September 1988, S. 13.

Was befindet sich in einem Atom?

Die folgenden Aufsätze wurden veröffentlicht in: Henry A. Boorse und Lloyd Motz (Hg.), *The World of the Atom,* New York, Basic Books, 1966.

Hans Geiger und Ernest Mardsen, »On a Diffuse Reflection of the Alpha Particles«, 1909.

Ernest Rutherford, »The Scattering of Alpha and Beta Particles by Matter and the Structure of the Atom«, 1911.

Hans Geiger und Ernest Mardsen, »The Laws of Deflexion of Alpha Particles through Large Angles«, 1913.

Tau-Bogen

Marcel Minnaert, *The Nature of Light and Colour in the Open Air,* New York, Dover, 1954.

Halogenlampen

H. R. Crane, »How Things Work: Halogen Lamps«, *The Physics Teacher,* Januar 1985, S. 41–42.

Wann explodieren Brauseflaschen und wann nicht?

D. W. Deamer und B. K. Selinger, »Will That Pop Bottle Really Go Pop? An Equilibrium Question«, *Journal of Chemical Education,* Juni 1988.

Es komt nicht drauf an, was Sie hören – sondern wann Sie es hören

»Sound-Reinforcement System«, in: *McGraw-Hill Encyclopedia of Science and Technology,* New York, McGraw-Hill, 1987.

H. F. Olson, *Music, Physics and Engineering,* New York, Dover, 1967.

Schwereloses Wasser

D. R. Kutliroff, *101 Classroom Demonstrations and Experiments for Teaching Physics,* West Nyack, N. Y., Parker, 1976.

Wärme von einer kalten Lampe

Julius Sumner Miller, »Further Enchanting Things to Think About«, *The Physics Teacher,* September 1979.

Spieglein, Spieglein an der Wand

T. B. Greenslade, »Nineteenth Century Textbook Illustrations XXIV: The Half-Length Mirror«, *The Physics Teacher,* September 1978.

Künstliche Aromen bedeuten weniger »chemische Stoffe«

T. P. Coultate, *Food – The Chemistry of Its Components,* London: Royal Society of Chemistry, 1984; die Formel für Himbeeren (U.S.-Patent 3.886.289) befindet sich auf S. 145.

Fangen Sie einen fallenden Geldschein auf

Martin Gardner, *Entertaining Science Experiments with Everyday Objects,* New York, Dover, 1981.

Kosmische Strahlen

V. F. Hess, »Penetrating Radiation in Seven Free Balloon Flights« (1912), übersetzt und veröffentlicht in: Henry A. Boorse und Lloyd Motz (Hg.), *The World of the Atom,* New York, Basic Books, 1966.

D. J. Helfand, »Fleet Messengers from the Cosmos«, *Sky and Telescope,* März 1988.

Schokoladenfilm

Owen R. Fennema (Hg.), *Food Chemistry,* 2. Aufl., New York, M. Dekker, 1985.

T. P. Coultate, *Food – The Chemistry of Its Components,* London, Royal Society of Chemistry, 1984.

P. W. Atkins, »Molecules», New York, *Scientific American,* 1987.

Diebstahl in der Camera obscura

J. H. Hammond, *The Camera Obscura: A Chronicle,* Bristol, Adam Hilger Ltd., 1981, S. 29.

FCKWs und $CO_2$

R. Monastersky, viele Artikel in *Science News,* u.a.: »The Decline of the CFC Empire« 9. April 1988; »Clouds without a Silver Lining«, 15. Oktober 1988; »New Chemical Model, New Ozone Fear«, 3. September 1988; »Has the Greenhouse Taken Effect?«, 30. April 1988.

R. A. Stolarski, »Das Ozonloch über der Arktis«, *Spektrum der Wissenschaft,* März 1988, S. 70.

T. Beardsley, »Winds of Change: International Talks Address Human Effects on Climate«, *Scientific American,* September 1988, S. 18f.

Die Formen des Schnees

Charles und Nancy Knight, »Snow Crystals«, *Scientific American,* Januar 1973.

B. J. Mason, »The Growth of Snow Crystals«, *Scientific American*, Januar 1961.
Donald Ahrens, *Meteorology Today*, 3. Aufl., St. Paul, West, 1987.

Infrarot

»William Herschel«, in: *Dictionary of Scientific Biography*, New York, Charles Scribner's Sons, 1972.

Dunkles Fleisch und helles Fleisch

P. W. Atkins, »Molecules«, New York, *Scientific American*, 1987.
Helena Curtis, *Biology*, 4. Aufl., New York, Worth, 1983.
Harold McGee, *On Food and Cooking: The Science and Lore of the Kitchen*, New York, Macmillan, 1987.

Sperma trifft Ei: Was passiert wirklich?

Garland E. Allen, »Hermann Fol«, und Robert Olby, »Wilhelm August Oscar Hertwig«, in: *Dictionary of Scientific Biography*, New York, Charles Scribner's Sons, 1971, 1972.
Oscar Hertwig, *Allgemeine Biologie*, 3. Aufl., Jena, G. Fischer, 1909, S. 292 ff.

Ist das menschliche Gehirn tatsächlich eingleisig?

J. R. Stroop, »Studies of Interference in Serial Verbal Reactions«, *Journal of Experimental Psychology* 18, 1935, S. 613-622.
H. R. Schiffman, *Sensation and Perception: An Integrated Approach*, New York, Wiley, 1982.

Die Jahreszeit der statischen Elektrizität

A. D. Moore, »Electrostatics«, *Scientific American*, März 1972.
A. D. Moore (Hg), *Electrostatics and Its Applications*, New York, Wiley, 1973.
D. S. Ainslie, »What Are the Essential Conditions for Electrification by Rubbing?«, *American Journal of Physics* 35, 1967, S. 535–537.
Richard P. Feynman, *The Feynman Lectures on Physics*, Reading, Mass., Addison-Wesley, 1964, Bd. II, Kap. 1.

Was stellt die Seife mit dem Wasser an?

C. J. Lynde, *Science Experiments with Home Equipment*, 2. Aufl., Princeton, N. J., Van Nostrand, 1949.

Dreh Dich im Kreis, Ludwig Erhardt

R. J. Brown, *333 Science Tricks and Experiments*, Blue Ridge Summit, Pa., 1981.
Martin Gardner, *Entertaining Science Experiments with Everyday Objects*, New York, Dover, 1981.

Trauen Sie Ihren Fingern nicht

W. James, *Principles of Psychology,* Bd. 2, New York, H. Holt, 1890, S. 86: »Illusions of the First Type«.

Die Kurven eines mäandrischen Flusses

Luna Leopold und W. B. Langbein, »River Meanders«, *Scientific American,* Juni 1966 (abgedruckt in: Jearl Walker (Hg.), *Scientific American* book *The Physics of Everyday Phenomena,* San Francisco, W. H. Freeman, 1979).

John S. Shelton, *Geology Illustrated,* San Francisco, W. H. Freeman, 1966.

Gekrümmter Raum im Weihnachtsschmuck

Marcel Minnaert, *The Nature of Light and Colour in the Open Air,* New York, Dover, 1954, S. 13.

Gäste in jeder Zelle

L. Margulis, »Symbiosis and Evolution«, *Scientific American,* August 1971 (abgedruckt in: *Scientific American* Anthology *Life: Origin and Evolution,* San Francisco, W. H. Freeman, 1979).

Heiligenschein

H. C. Bryant und N. Jarmie, »The Glory«, *Scientific American,* Juli 1974 (abgedruckt in: *Scientific American* book *Atmospheric Phenomena,* mit einer Einleitung von D. K. Lynch, New York, W. H. Freeman und Co., 1980).

Der Wasserfalleffekt

O. E. Favreau und M. C. Corballis, »Negative Aftereffects in Visual Perception«, *Scientific American,* Dezember 1976.

Marcel Minnaert, *The Nature of Light and Colour in the Open Air,* New York, Dover, 1954.

Philip G. Zimbardo, *Psychology and Life,* 11. Aufl., Glenview, Ill., Scott, Foresman, 1985.

Weißer Himmel, grauer Schnee

Marcel Minnaert, *The Nature of Light and Colour in the Open Air,* New York, Dover, 1954.

Warum Hühner keine Schwimmfüße haben

Scott F. Gilbert, *Developmental Biology,* 2. Aufl., Sunderland, Mass., Sinauer Associates, 1988.

Können Sie ein Zweimarkstück aus der Erinnerung zeichnen?

R. S. Nickerson und M. J. Adams, »Long-Term Memory for a Common Object«, *Cognitive Psychology* 11, 1979, S. 287–307.

E. Loftus, *Memory: Surprising New Insights into How We Remember and Why We Forget,* Reading, Mass., Addison-Wesley, 1980.

Warren E. Leary, »Novel Methods Unlock Witnesses' Memories«, *New York Times,* Dienstag, 15. November 1988.

Wolken im Marmeladenglas

»Charles Thomson Rees Wilson«, in: *Dictionary of Scientific Biography,* New York, Charles Scribner's Sons, 1976.

C. T. R. Wilson, »On an Expansion Apparatus for Making Visible the Tracks of Ionising Particles in Gases and Some Results Obtained by Its Use« (1912), abgedruckt in: Henry A. Boorse und Lloyd Motz (Hg.), *The World of the Atom,* New York, Basic Books, 1966.

Ultraviolett

R. J. McRae, »Johann Wilhelm Ritter«, in *Dictionary of Scientific Biography,* New York, Charles Scribner's Sons, 1975.

Fortpflanzung und Sexualität: Wo ist der Unterschied?

R. D. Hotchkiss und E. Weiss, »Transformed Bacteria«, *Scientific American,* November 1956 (abgedruckt in der *Scientific American* Anthology *Genetics,* mit einem Vorwort von C. I. Davern, San Francisco, W. H. Freeman, 1981).

Scott F. Gilbert, *Developmental Biology,* Sunderland, Mass., Sinauer Associates, 1985.

Ein Kamm, eine Socke und ein Wasserhahn

Viele solche Experimente werden beschrieben in: C. J. Lynde, *Science Experiments with Ten-Cent Store Equipment,* Scranton, Pa., International Textbook Co., 1951.

A. V. Baez, »Some Observations on the Electrostatic Attraction of a Stream of Water« (Brief an die Redaktion), *American Journal of Physics* 20, 1952, S. 520.

R. Gardner, *Ideas for Scientific Projects,* New York, F. Watts, 1986.

Unsere entferntesten Verwandten

K. G. Field u. a., »Molecular Phylogeny of the Animal Kingdom«, *Science,* 239, 12. Februar 1988, S. 748–753.

Billige Elfenbeinimitationen

Robert Friedel, *Pioneer Plastic: The Making and Selling of Celluloid,* Madison, University of Wisconsin Press, 1983, S. 35.

»Celluloid«, *Nature,* 19. August 1980, S. 370f.

»Plastics«, in: *Encyclopedia Britannica,* 14. Aufl., 1968.

Gefrorene Heißwasserleitungen

Ronald A. Delorenzo, *Problem Solving in General Chemistry,* Lexington, Mass., D. C. Heath, 1981.

Das Geheimnis des aufsteigenden Wassers

G. Grimvall, »Questionable Physics Tricks for Children«, *The Physics Teacher,* September 1987, S. 178 f.

Würden Sie so was trinken?

P. W. Atkins, »Molecules«, New York, *Scientific American,* 1987.

Kann es zum Schneien zu kalt sein?

Donald Ahrens, *Meteorology Today,* 3. Aufl., St. Paul, West, 1987.

Kann es zum Schneien zu warm sein?

Donald Ahrens, *Meteorology Today,* 3. Aufl., St. Paul, West, 1987.

Alkoholgehalt

P. W. Atkins, »Molecules«, New York, *Scientific American,* 1987.

Harold McGee, *On Food and Cooking: The Science and Lore of the Kitchen,* New York, Macmillan, 1985.

Sommerlicher Gefrierschutz und Bonbons

Ronald Delorenzo, *Problem Solving in General Chemistry,* Lexington, Mass., D. C. Heath, 1981.

Harold McGee, *On Food and Cooking: The Science and Lore of the Kitchen,* New York, Macmillan, 1985.